防大女子

究極の男性組織に飛び込んだ女性たち

松田小牧

陸上要員の訓練で擬装する筆者

ワニブックス
PLUS新書

まえがき

「防衛大学校（以下、防大）の学生」と聞いてどういった姿を思い浮かべるだろうか。多くの人が想像するのはおそらく、屈強な若い男性の姿ではないかと思う。だが、防大は男女共学であり、全学生の約一割を「女子学生」が占める。かつて私もその一員であったがゆえに、防大の女子学生の認知度の低さは身をもって知っている。

「防大女子」のイメージが湧きづらいのは、その数の圧倒的少なさにも起因する。一九九二年に女子が初めて入校して以降、二〇二一年に至るまでの三十年間に入校した女子の総数は約一千三百人。ちなみに、「女子が少ない」と言われている東大には、二〇二一年五月の時点で二千七百六十八人の女子学生が在籍している（約二割）。つまり防大女子は東大女子よりよほど数が少ない上、卒業した者の多くがそのまま自衛隊に進むため、社会との接点は極めて限られる。

次に、「防大の女子学生」のイメージはどうだろうか。気が強そう、運動ができそう、女らしくなさそう……。確かにあながち間違いではない。だが、それだけが全てではない。彼女たちだって「女子」なのだ。

本書の目的の一つ目は、「実際の防大女子」の姿を紹介することにある。彼女たちはなぜ防大に入り、防大でどんな生活を送っているのか。防大を卒業した後はどういう人生を歩んでいるのか。そして二つ目の目的は、彼女たちが自衛隊生活の中で喜び、悲しむのは、一体何が原因かということを明らかにすることだ。

実のところ、防大に入校した女子の中で、華麗に男たちを従えてバリバリ第一線で仕事をしているという者は決して多くはない。これまでの総数で見ると女子の入校者の三分の一（一千二百人中四百人）、直近五年間では六分の一が卒業の前に防大を去る。

また、防大を卒業した後も、多くの者が自衛隊を離れる。私自身、卒業後ほどなく自衛隊を退職している。そこには、自衛隊を好きになり、重要性を理解したうえで自衛隊以外の世界を見てみたいというポジティブな理由と、幹部自衛官としての理想像と実際の自分とのギャップに耐えきれなかったというネガティブな理由があった。

自衛隊は素晴らしい組織だと、今でも強く思う。ただその一方、「私のような悩みを持ってしまうのは個人の性格の問題なのか、それとも組織の問題なのか」、とずっと考えてきた。時事通信社に入社し記者になった後も、多くの自衛隊関係者に話を聞いた。そのうちに、個人の問題もあるが、構造的な問題もある、との確信に至るようになった。自衛隊という閉鎖的な空間、究極の男性社会が、彼女たちを意図せず追い詰めてしまうのだ。

これまでメディアで自衛隊を扱うとなれば、「自衛隊はすごい！」といった自衛隊礼賛モノか、いじめやパワハラなど「自衛隊の暗部を暴く」というものか、どちらかに偏ったものが目立った。本書はよい部分はよい、悪い部分は悪いと当たり前のことを書いている。真に自衛隊のことを思うならば、ありのまま現実を伝えることが一番だと信じている。

本書を執筆するに当たっては、私の経験や防大女子とのこれまでの個人的な交流から得られた記述のほか、防衛省や防衛大同窓会にもご協力をいただき、女子一期生から現役防大生まで、四十七人の声を聴くことができた。

この本が自衛隊教育を考える上での一助となれば、こんなに嬉しいことはない。防大OG、女性自衛官にとっては、この本はきっとあなたの痛みの連帯になる。また、男性社会の中で女性がつらさを感じるというのは、何も自衛隊に限ったことではない。一般社会に生きる女性にとっても、共感し、参考になるところもあるだろう。ぜひ「遠い世界の存在」ではない防大女子の姿を、その目で感じ取っていただければと思う。

まえがき……2

序　章　「防衛大学校」とはどんな組織か……13

当初は存在しなかった「防大女子」……19
注目の的だった「女子一期生」……22
防大女子の現在地……26

第一章　「防大女子」はどこから来るのか……27

防大を目指す理由……28
「金銭的理由」「親が自衛官」……様々な動機……30
意外に多い「現実的な理由」……33
「右翼みたいになる」？　反対する周囲の声……35
「中高は文化系」も少なくない防大志望者……41
「元は普通の女子高生」が変わる場所……43

第二章　「防大女子」の生活　45

期待と不安が入り混じった着校　46
テレビなし、腕立て伏せに「これが防大か」　50
入校の第一関門、髪を切る　52
わずか五日で一割退校　53
「名誉と責任を自覚し…」入校時の「服務の宣誓」　56
防大生の一日　57
人扱いされない1学年　74
「どうしてこんなところに来てしまったのか」　78
【三本柱その1・教育／訓練】　81
防大の教官も「自衛隊員」　83
汚い東京湾で毎日水泳訓練　85
ひたすら匍匐前進の陸、お茶を飲む余裕のある空　89
硫黄島研修で不思議な経験も　91
【三本柱その2・校友会】　94

【三本柱その3・学生舎】……97
門限あり、1学年は制服外出のみの「休日」……100
防大生に歌い継がれる「逍遥歌」……104
旧日本軍から続く伝統行事「棒倒し」……108
「世の中には三種類の性別がある。男子、女子、防大女子だ」……109

第三章　「防大女子」の青春と苦悩

第三章　「防大女子」の青春と苦悩……113
「目指すべき学生のあり方」とは……114
防大生同士の「絆」は固い……118
男女の友情は成り立つのか……122
男子からの評価が女子同士の関係性を揺るがす……125
防大生の恋愛観……128
愛と僻みが渦巻く内部恋愛事情……132
上級生がかっこよく見える「防大マジック」……134
「生活のすべてが強制」「自由がない」苦痛……137
尊敬できない上級生……140

「女子部屋の緊張感が異常」……142
メンブレ、リスカ、自殺——心が折れるとき……143
「銃を撃つ」ことへの葛藤……148
生理中の訓練、行軍、遠泳は「地獄」……150
陸上要員にのしかかる「体力の男女差」……153
「これだから女は」　男子からの耐え難き視線……157
「女のくせに」と目立てば悪評……159
女性としての振る舞い……161
「逃げ場」があればつらさも乗り越えられる……165
防大教育は変わるべきか……168
なぜ理不尽な指導がなくならないのか……171
もっと必要な「外部との接触」……175
悩める「防大女子」に必要なものとは……177
防大を志す女子たちへ……179

第四章 「防大女子」はどこへ行くのか……183

卒業前に防大を去るという選択……184

怪我、持病、「ピンク事案」……やめる理由は様々 186
卒業後、自衛官にならなかった防大生 188
任官時にも「宣誓」がある 189
世間からは見えない「着校拒否」する学生たち 192
任官拒否の理由 194
幹部候補生学校でやめる者 196
「部下を持つ自信がない」 199
幹部自衛官の道 201
部隊という現実に直面する元防大女子たち 203
女子特有の悩みは軽減 206
「防大女子」から「女性幹部自衛官」へ 210
「職域開放」に反対する女性幹部も 213
自衛官の仕事と家庭生活の両立 215
子どもを持つと出世に響く？ 217
環境に恵まれなければ続けられない 221
「結局女性だけが育児の負担が大きい」 226
幹部自衛官にはなったものの職を辞したケース 228

家庭か仕事か、究極の二択 …… 231
ロールモデルの不在 …… 234
はびこるハラスメント …… 236
「女らしさを武器にするために船に乗っているんじゃない」 …… 239
優秀な人間がやめていく現状 …… 243
自衛隊をやめた後 …… 246
「防大進学」について後悔はない …… 249

終章　防大や自衛隊という男社会で女性が生き抜くには …… 251

女性を増やせば組織は変わる …… 252
これでいいのか、自衛隊 …… 256
「続けているだけで意義がある」 …… 260
防大女子のこれから …… 263

あとがき …… 268
参考資料 …… 271

序章

「防衛大学校」とはどんな組織か

防大生が四年間を過ごす防大の本部庁舎

はじめに、防衛大学校とはどういった組織なのか、簡単に説明したい。建学の目的を「将来陸上・海上・航空各自衛隊の幹部自衛官となるべき者の教育訓練をつかさどるとともにそれらに必要な研究を行う」と謳う防衛大学校は、一九五二年に保安大学校として神奈川県横須賀市に設置。一九五四年に保安隊から自衛隊と改編されたのに伴い、防衛大学校と改称され翌年同市小原台の現在の地に移った。

一般的な大学と異なり、文部科学省ではなく防衛省所管、英語では「university」ではなく「academy」、学生も「student」ではなく「cadet（士官候補生）」だ。おそらく、日本人が一生の間でそう使うことのない英単語だろう。

場所は京浜急行馬堀海岸駅からバスに乗ること数分、坂道を登ったところにある。校内からは、場所にもよるが東京湾を望むこともできる。『防衛大学校五十年史』によると、同地が選ばれたのは、①東京またはその近郊、②海に接していて海上訓練に適している、③十万坪の土地が確保でき、将来拡張の可能性があるという理由によるという。

正門には警備員が常駐し、関係者以外の立ち入りはできない。なお、同校が置かれた地名から、しばしば防大は「小原台」とも呼ばれる。

防大の開校に当たっては、戦前・戦中の反省が大いに生かされた。まず、戦中は陸軍と海軍がバラバラだったことから全ての要員が一カ所で学べる環境が望まれた。海外では、陸海空の士官学校は別々に設置されるのが普通であり、防大のように陸海空の士官候補生が一堂に介して学ぶ環境は極めて珍しい。

精神主義が軍部の暴走を招いたという反省を受けて科学的思考を重視したことなどから、当初は理系学部のみが設置された。後に文系学部もつくられたが、今も理工系学科が十一に人文系学科が三つと、学生の八割は理工系だ。私が卒業した人間文化学科は、二〇〇〇年に誕生した最も新しい学科となっている。開校当初は学位が授与されなかったが、一九九二年の卒業生から学位授与機構の審査を経て学位が認められるようになった。

また、これらいわゆる「本科」の上には「研究科」も設置されている。研究科とはいわゆる大学院だが、防大は「大学」ではないため「大学院」とは銘打てず、研究科となった。研究科には卒業生以外、自衛官だけではなく一般からの入校も許されている。ただし、一般的には「防大」というと本科のみを指すことが多く、本書でもそれに倣い、取り扱うのは本科のみとする。

防大生の身分は「特別職国家公務員」たる「自衛隊員」。防大生は階級がない（武官ではない）ため、「1佐」「2尉」のように階級のある「自衛官」ではなく「自衛隊員」となる。

ただ携帯を契約するときやカラオケ店、映画館などでは学割も適用されるため、そういうときは堂々と「大学生」として振る舞う。「自衛隊員」「公務員」「大学生」という肩書きを時と場合によって使い分けることになるが、実感としては「大学生」という感覚が最も強くあるように思われる。本来であれば比較対象は諸外国の士官候補生たちであるべきだが、どうしても一般大学の学生と比べがちで、自由を謳歌する世間の大学生たちを羨む者が多い。

また公務員なので、一般の大学と異なり、学費はかからない。それどころか月額十一万七千円（二〇一九年十二月現在）の学生手当が支給される。年二回のボーナスもある。朝昼晩のご飯は食堂で出され、制服も支給。寮費もいらなければ、校内に医務室があって薬も処方されるため、医療費もかからない。つまり、基本的に衣食住全てにお金がかからないのだ。

平日は外出が禁止されているため、お金を使う機会は極めて限られる。給料すべてを休日のみで使ってよいと考えると、それなりの手持ちとなる。特に1学年の間は私服外出が許されず、お酒も飲めないため、よっぽどの使い方をしない限りはお金が足りなくなるという事態は起こらない。ただし「下の学年には奢る」という風潮が強いため、4学年ともなると足が出る月もある。

学生服は「学生はもちろん一般的にも魅力的でスマートなものを」と模索した結果、旧海兵と学習院の制服をミックスしたものとなった。ちなみにこのとき、「旧陸軍制服は魅力がない」と指摘されている。冬服の色は「花紺」といい、当時は同じメーカーでも同じ色の紺の服地を作り出すことが困難だったため、同じ色を指定するために新たに花紺という色を作り出したといわれている。

二〇二二年度の募集定員は推薦百五十人、総合選抜五十人、一般二百八十人の計四百八十人で、うち女子は七十人(文系二十人、理系四十五人、総合選抜五人)と定員の約一五%。私が在学していた二〇〇〇年代後半には女子の数はおよそ八%だったので、ほぼ倍増している計算だ。学生の人数比に伴い、学力は文系女子が最も高く、理系男子が最も低いという傾向がある。文系は地方の旧帝大レベル、理系はMARCHレベルと言われている。ただし、幹部候補生を育てる学校というのは日本に一つしかないので、学力の幅はそれなりにある。そして一度入校してしまえば、あまり学力でどうこうということはない。また、募集定員は定められているものの、合格者の多くが他の一般大に流れていくため、毎年かなりの数の合格者を出している。そのため、実際の入校者数は期によって人数のばらつきがある。私の入校時、一大隊（後述）の1学年女子は十四人いたが、2学年の女子は七人しかいなかった。

防大は日本国籍を有しない者は入校が認められないが、世界各国の士官学校からの留学生の数は六％程度に及ぶ。ごくまれにあまり真面目ではない留学生もいるが、総じて彼・彼女らはエリートであり、日本人学生を差し置いて学科トップの成績を取る留学生も存在する。

授業については第二章で詳しく述べるが、普通の大学と同じような一般教養や英語、学部ごとの勉強が基本だ。そこに防衛学や統率、訓練といった防大ならではの授業が加わる。

防大を卒業すると曹長に任命され、陸海空それぞれの幹部候補生学校に進む。ここで初めてそれぞれの要員だけの教育が始まることになる。基本的に全員が幹部自衛官になることが前提なので、就職活動をすることはない。というより、してはならない。毎年一定数存在する、卒業後に任官しない学生（いわゆる「任官拒否」）も同様に就職活動をしてはならないため、民間への就職希望者はバレないようにこっそり探すか、卒業後に改めて職を探すことになる。

このような環境下で、全員が校内の寮に住み、四年間の学生生活を送る。それは間違っても「憧れのキャンパスライフ」とは言い難いものではあるが、そこには確かに泥臭い青春がある。この場所で得た経験は、良くも悪くも一生忘れられないものとなる。

当初は存在しなかった「防大女子」

防大への女子の入校が認められたのは、政治的思惑によるところが大きかった。

国会で初めての女子学生をめぐる議論が確認されるのは一九七九年三月の参院予算委員会だ。各省庁に対して女性への門戸開放を確認する流れの中で、山下元利防衛庁長官（当時）は「防大は戦闘部隊の上級指揮官、幕僚としての能力とかを訓練するわけで、訓練内容、環境等から見て従来は婦人に適さない」と答弁。その上で「前向きに検討していきたい」と述べている。

このような政府の見解は脈々と引き継がれた。また、門戸開放を求める側としても、女性の能力そのものに期待したものでは決してなかった。国会では以下のような意見が飛び出している。

「先頭に立って兵隊を指揮するだけが将校の任務ではない。（女子にとって）厳しいからということについては、各国がどのようにこれを聞くかということになると疑問に思う

（一九八五年六月、参院外務委員会にて黒柳明氏）」

「国立の大学あるいは官界というものは民間に与える影響というものが大変に大きい。しかも、男女平等という観点については、官の方が先にイニシアチブを取って民に影響を及ぼしていくという要素がある。したがって、防衛大学も女性が志望してくることは数としてはごくまれであろうが、開放を検討していただきたい（同上、抜山映子氏）」

「男の立場からして、女子学生が入ってきたら自衛隊を見る目が変わってくるし、また防大に行ってしっかり国の安全を守ろう、そうすればいい嫁さんももらえるかもしれぬとか、いい方向に考えていった方がいい（一九九〇年五月、衆院内閣委員会にて鈴木宗男氏）」

つまり、女子の入校は男女平等、国際情勢を踏まえての要請であり、挙げ句の果てに女子学生は「男子学生のお嫁さん候補」とまで見られていたのだ。そして結局のところ、一九八五年に政府が女性差別撤廃条約を批准し、当時の総理府に立ち上げられた「婦人問題企画推進本部」が国家公務員の女子受験制限解消を求めたことにより、防大への女子の入校が避けられない流れとなっていった。

防衛庁の中にも、自衛隊の精強さの低下への懸念や学生舎の整備が必要なことなどから、難色を示す声が多く上がっていたという。一九九〇年に防衛庁参事会が防大に発出した通達には、やむにやまれず女子の入校を認めた経緯が窺える。

「防大出身者が全て戦闘職種に就いているわけではない」

「適正規模であれば女性自衛官の活躍を期待できる職域に配置し、自衛隊の精強性を維持することは可能」

「女子への門戸開放の積極的推進という政府の基本方針に則れば、教育投資効率上ある程度のロスは受認すべき問題」

当時、すでに自衛隊に女性が進出しており、優秀な女性幹部が必要だったという背景もあるが、ここでもやはり「戦闘部隊の指揮官」としての女性は想定しておらず、女子学生の存在は「効率的ではない」と考えられていた。

そして一九九一年、「女性のあらゆる分野への参加が促進されつつあるという社会一般の動向」「婦人自衛官の職域の拡大」「諸外国の士官学校の受け入れの状況」「防大の訓練内容」「自衛隊の精強性の維持が可能」「優秀な人材の確保」といった観点から、女子の入校が正式決定した。

当時はまだ未完成の青年男女が同一建物内で団体生活を送るのは適当ではないとされ、女子学生が住む女子学生舎の建設も望まれていたという。しかし、多額の金銭が必要となることや「女子を特別扱いしない」という方針から、既存の学生舎を改築して対応することになった。

注目の的だった「女子一期生」

一九九二年、女子の一期生三十九名が入校した（通算では四十期）。防大に女子が入校するということで、入校式にはマスコミも多く集まり、彼女たちの門出を報じた。中には、通っていた大学をやめてまで入校した者もいた。

女子一期生は、「とても美人か、そうでなければとても優秀かのどちらか」と評されることが多かったという。真偽のほどは定かではないが、学生の間では「マスコミから注目されることが分かっていたので、あえてそういう人間を集めた」と囁かれていたそうだ。確かに女性初のイージス艦艦長となった海上自衛官は防大女子一期生であり、艦長就任時に「美しい」と評判になっている。

当初、女子の制服は「男子学生に埋没させることのないよう、男子学生と異なるものとする」という方針により、女子学生独自の制服を新たに制定。二〇〇四年の改正で、二〇〇六年からはスカートとズボンといった違いはある（男子はズボン二着が貸与されるのに対し、女子にはズボンとスカートが一着ずつ貸与される）ものの、男子学生の制服と同じのものとなった。ちなみに二〇〇七年に入校した私の期までは昔の制服が貸与されており、男子の冬服よりやや明るい紺色の制服は「女性警察官」、茶灰色の夏服は「サファリパーク」と陰で呼ばれていた。

さて、女子一期生はやはり、学内でも注目の的だったという。ある一期生は「女性が制服を着て歩いているだけで針の筵だった。学生舎（学生が住む寮）の外を歩いていると、学生舎の中から『ちんたら歩いてんじゃねぇ！』と怒鳴られたこともあった。ずっと珍しいものを見る目で見られていた」と振り返る。こうした注目のされ方は防大卒業後も続いていると言い、「そんなに注目される人材でもないのに、ずっと『女子一期生』という肩書がつきまとう」と話す。

入校に当たっては、「男子学生も私たちを受け入れることにすごく悩んだんだなということはとても感じた。最初女子は全員2大隊（後述）に入って、他の大隊の上級生は『女が防大でやっていけるのか』って否定的なところもあったけど、2大隊の上級生は受け入れてくれた」と言う。

また、当初居心地の悪さを感じていたことは事実だが、「男子と全く一緒の訓練をして、信頼し合える仲間になった」とも話す。第二章以降で詳述するが、防大の大きな魅力は深い人間関係の構築にある。男女を問わない信頼関係の醸成は今も連綿と続いているが、それが一期生から達成されていたことは素晴らしい。

女子一期生が卒業した一九九六年の十月には、防大内にF・C委員会（Female Cadet施策検討委員会）が編成され、女子学生をめぐる現状の評価を行っている。その中で実施された教職員及び学生へのアンケート調査によると、女子一期生を「女性らしい」と評価したのは女子一期生自身で五〇％、その他の学生で三〇％前後に過ぎなかった。同委員会は「こうした意見は女子学生が『男社会の慣習』を取り込んでいることを示すもの」と指摘。男性しかいない組織の中で適応しようとする、アンビバレントな防大女子のありようを窺い知ることができる。

前述の一期生自身も「女性らしくありたいと思ったことはなかったけど、男子学生に指導されたからといって、自分は男っぽくもなってないし、男っぽくもできなかった。中途半端な存在だった」と話す。

「女子の指導を受けたことのない防大女子」というのは、少し異質な存在であったようだ。女子一期生に指導された四十期代前半の者からは「四十期は女子から指導されていなかった点が一番のウイークポイント」などと指摘する声もあった。

「言葉遣いが男口調で、でも怒り方は女にありがちなネチネチと怒るところがあって、違和感があった。四十期は女子から怒られてないから、自分がそういう風になっているということにも気付けなかった。あと『男に負けるな』という思いが強くて、男の人が描くリーダー像に沿おうとしてると感じていた。四十一期以降は『とはいえ、男と女は違うでしょ。自分の考えでいこう』といった感じだったので、組織は四十期を評価し、四十一期以降は頼りないと思われていると感じていた。四十期は背負っているものが大きかった」

そんな女子一期生三十九名のうち、何人かは卒業前に防大を去り、二十七名が任官した。

先のアンケートによると、女子学生制度の導入については「よい」と答えた者が約六〇%、否定的に捉えた者が約三〇%。よい影響が出ているところは一に勉学、二に校友会活動（部活動に当たる）であり、悪い影響は一に生活面、二に訓練面に出たという。

加えて示された「現状」では、「女子の入校時の学力は平均的に男子より上位にあり、入校後の成績も男子よりやや高い。体力は同年代の全国標準より高く、体力の伸びは男子に比べて顕著だが、約一〇%は到達基準に届いていない。訓練は一応の成果を収めている。訓練班の編成は男女混合だが、女子に配慮して訓練レベルを下げざるを得ないので男子の訓練意欲が低下するとの批判が一部にあった」ということも明らかにされた。このアンケートの結果は今も大差ないのではないだろうかと感じられる。

防大女子の現在地

一九九二年の防衛大学校への女子入校開始から、二〇二二年でちょうど三十年となる。当初、決してその能力が期待されていたわけではなかった女子学生だが、二〇二〇年には河野太郎防衛相（当時）をして、次のように言わしめている。

「自衛隊の職務の中で女性にできないものはないと言ってよろしいかと思っておりますし、昨日行きました防衛大学、学生隊長は女性学生でございましたので、女性がしっかりと自衛隊の一員として活躍してくれるというところが人的基盤を厚くする、そういうことにつながっていくと思っております」

だが、「防大女子」はまだまだ世間的には知られざる存在だ。圧倒的に男性的な組織の中で奮闘する防大女子たちの姿を見ていきたい。

第一章

「防大女子」はどこから来るのか

普通の高校生だった新入生が防大の門をくぐる（筆者提供）

防大を目指す理由

一体どんな女子が防大を目指すのだろうか。「国防意識があり、リーダーシップを取れる強い女」――。こんな女子像を想像するならば、自分の高校時代を思い出してみてほしい。男女を問わず、齢(よわい)十八にして国防意識を持たせる教育を、現代日本ではおそらくほとんど誰も受けていないはずだ。持っているとすれば、それは防大教育を受けた今の私から言わせると素晴らしいことではあると思うのだが、「変わり者」として見られている可能性が高い。

ましてそれが女子なら尚更だ。少なくとも私は中高時代に女子の友人との会話で国防について触れた思い出は一つもない。

事実、少し古いが一九八五年の衆院内閣委員会で明らかにされた調査では、「国防の重要性を認識して防大に進んで入った者は約一割」となっている。私の取材でも、「自衛隊に憧れがあった」と話す者は一定数いた一方、明確に「国防の重要性を認識していた」と考えられる答えは四十七名中六名。おそらく読者の予想以上に、「元々国防に携わりたかった」という意識を持つ者は少ない。現役の防大生からも、「何かしらの高い目標を持っている人ばかりが集まっていると思っていたが、そうではない人も多くいた」ことにギャップを感じたと述べる声があった。

ではどんな女子たちが防大を目指し、入校してくるのか。

まず出身地としては、全国バラバラである。防大全体を見たときには、出身地の人口やその地域の自衛隊感情に合わせて学生数の差はある。だが、女子に限ってみればそもそも人数が少ないこともあり、そこまで偏りはないのではないかと思う。あとは面白いことに、女子校出身者が思いのほか多かった。推察するに、高校では男女混合の部活となると、その部長は大体男子が務める。生徒会長や体育大会の応援団長といった役職だって、割合としては男子の方が多いだろう。

つまり、そこまで男女の別を意識せず、性差による優劣はないと思ってはいても、なんとなく「リーダーは男子」という思考が植え付けられている可能性がある。それに対し、女子校では全てのリーダーが当たり前のことだが女子となる。そのため「女子がリーダーに就く」ということへの違和感が、共学よりも薄いのではないかと思われる。

また別の意見としては、「女子高で男子の女子に対する扱いを知らなかったから、『まぁ、こんなもんなんかな』と受け入れた」というものもあった。

「金銭的理由」「親が自衛官」……様々な動機

次に、取材で得られた入校の動機を、複数回答が得られたもののみ多い順に挙げてみる。

・金銭的理由（四九％）
・親や親戚の影響（親が自衛官など）（二六％）
・自衛隊への憧れ（二六％）
・就職先が決まっていることへの安心感（二三％）
・自立したかった（一七％）
・一般大に落ちた（一三％）
・親と不仲（一三％）
・防大への憧れ（一三％）
・人のためになる仕事がしたかった（九％）
・腕試しで受けてみたら受かった（九％）
・未知の世界への興味（六％）
・親が高卒での就職に反対した（四％）

ほとんどの者の進学理由は、これらの組み合わせによるものだった。ただ様々な動機が挙げられる中、「金銭的理由」が突出して多いことは注目すべきだろう。取材では、約半数の人間が金銭的理由を挙げた。これは世代を問わない。掘り下げると「ちょうど受験期に親の給料が激減し、弟や妹のことを考えると、家計的に(学費や下宿代がかからないどころか給料がもらえる)防大へ行く方がよいと判断した」というものから、「やりたいことが特になく、その状態で親に費用を払ってもらうのは違うと思った」というものまで存在する。

少数だが、中には切実な意見もあった。

「虐待されて育ったため、早く家庭を抜け出したかった」

「姉妹で差別されていて、親に『妹の分の学費を取っておかなくちゃいけないから、あんたを大学に行かせるお金はない』と言われた」

彼女たちは「防大は苦しいことも多かったけど、なんで防大に来たかを思えば、やめようとは思わなかった。やめても私には帰る場所がなかったから」と話す。

また、家庭が金銭的に困窮しているわけでなくても、親と不仲だという者からも、同様の趣旨の発言があった。真面目に生きる金銭的に余裕がない若者や、親と不仲の学生にとって、防大は自分で道を切り開いていくための最後の砦の一つとなる。

次に、「親の影響を受けた」という学生だ。これは相当数存在する。取材では約四人に一人という数字になった。最も多いのは、「親が自衛官」との回答。兄弟や姉妹で防大に入校した者も多く、中には四姉妹の全員が防大に入校したケースもある。「親の背中を見て国防を志した」といったものから、「自衛官だった親との関係はよくなかったが、そういう選択肢があることを昔から知っていた」まで温度差はあるが、現実をある程度知っている分、体感値ではあるが離職率も低い感覚がある。

中には、「元々一般大に受かっていてそちらに行くつもりだったが、防大に断りの電話を入れたところ、自衛官だった父親に『そんな失礼な話し方をする奴は、防大ではやっていけない』と言われ、『やっていけるよ！』と言ってしまって防大に行くことになった」と話した者もいた。

なお、制服や靴など生活に必要なほとんどのものは自衛隊から支給されるのだが、それらは「官品」と呼ばれており、親が自衛官の学生もまた「官品」と呼ばれる。「あいつ、できるな」「官品だからな」、「あいつ、ダメだな」「官品のくせにな」などの用法でしばしば使われる。

実際のところ、親が自衛官かどうかは、本人が優秀かどうかとはさほど関係がない。

「親が海自で小さいころからモールス信号を仕込まれた」という者もいたが、それだけで優秀になれるわけではない。ただ影響はないが、学生の中でもリーダーの立場に選ばれる場合、ましてそれが女子となると、「父親が偉いから下駄をはかされた」と噂されるケースは存在する。

また、親が自衛官ではなくても、「父親・兄が防大に落ちた」など、身近な人が自衛隊を志した経験がある者も三名いた。

意外に多い「現実的な理由」

「自衛隊への憧れがあった」という答えも多いが、その内訳を見ると先に述べた「国防に携わりたい」「PKOに参加したい」などの、国防意識を持ち、自衛隊の任務そのものに思いを巡らせた者は約半数。そのほかにも「災害派遣を見て自衛隊へのイメージがよかった」「元々飛行機に携わる仕事がしたかった」などさまざまな形の「憧れ」があることが見て取れた。

傾向としては、若い世代ほど純粋に自衛隊への憧れを理由に挙げる者がやや多かった。

現役の防大生の中には、近年女性が就けるようになったばかりの「戦闘機のパイロットに憧れていた」と話す者や、「宇宙やサイバー領域の最前線で国防を担えるから」と話してくれた学生もいた。

ここで「自衛隊への憧れ」と「防大への憧れ」を分けたが、後者は「地元に住んでいて、近所での評判がよかったから」「航空宇宙分野の学問ができる数少ない大学だったから」と、自衛隊ではなく防大へ進むことを第一目的としていたため、そのように分類した。

あとは「人のためになる仕事」という観点から、防大を選んだ者もいた。

案外多かったのが、「就職先が決まっている」ということへの魅力を挙げた者だ。「やりたいことが特になかったので、就職もできるというのは合理的な選択肢だと考えた」「単に大学生活を送るのではなく、その先を見据えておきたかった」というような意見が多かった。就職氷河期に進学した者は、「特に自分は文系だったので、よい条件で就職するのが難しいと考えて選んだ」と話す者もいた。景気が悪いときには防大志願者が増えて任官拒否が減り、景気がよくなると逆の現象が起きるというのは、男女問わず言われる話だ。「一般大に落ちたから」という現実的な理由もある。「女子だから浪人するよりは現役で行った方がいいかなと思った」「浪人するモチベーションがなかった」など、滑り止めとして受け止められている。

あとは、防大進学を「自立のための場所」と捉えた者も複数いた。「甘えた性格だったので、厳しい環境に身を置こうと思った」「あまりにも体力がないし、このまま大学生になったらダメ人間になると思った」など、防大を挑戦の場、自己変革の場として選んだ者たちだ。

そのほか、一人だけから得られた回答には多様なものがあった。「自分の経歴に箔がつくと思った」「防大にはどんな人がいるのか知りたかった」「高校時代の同級生に占いで防大に行った方がいいと言われた」など、やはり進学理由は一枚岩ではない。

ちなみに親類縁者に誰一人自衛隊関係者のいない私自身はどうだったかというと、金銭的な事情に加え純粋に興味があり、さらに他大学に落ちたという複合的なものだった。

「右翼みたいになる」？　反対する周囲の声

ノーベル文学賞を受賞した大江健三郎は一九五八年、毎日新聞に「防衛大学生をぼくらの世代の若い日本人の弱み、一つの恥辱だと思っている。そして、ぼくは、防衛大学の志願者がすっかりなくなる方向へ働きかけたいと考えている」と寄稿した。

このような思いは大江氏に限ったことではなく、昔はままあったと聞く。入校後、しばしば指導教官から「君たちの先輩方は、防大に行くとなると冷ややかな目で見られ、進学後には制服を着ていると石を投げられることもあった。今君たちがそんな扱いを受けることはないだろう。それはひとえに諸先輩方のおかげである」などと言われたものだ。

確かに振り返ると、防大に進学してから、冷ややかな目で見られたことはほとんどない。一度、乗車したタクシーの運転手に会話の流れで告げたところ「なんでわざわざあんなところに」とあからさまに嫌悪の感情を示されたこともあったが、「防大の学生さんですか。応援してます！　がんばってください！」と言われたことの方がよっぽど多い。総じて防大生に対する世間の感情が極めて好意的になっていること、そこはひとえに諸先輩方への感謝しかない。

最も身近な親の反応はどうか。取材では、親から「防大そのもの」を否定された者は少数だった。多くの場合「親はすごく喜んでくれた」と振り返る。特に北海道や九州など、駐屯地・基地の数も多く自衛隊への感情がよい地域の親ほど、喜びの感情が大きいようだ。中には、「そもそも親から『お金がかからないなら行け』と言われていた」や、「親も親族も私が帰るたびに防大の話しかしないし、かなりもてはやされた。やめたいと思うこともあったが、そんな環境だったからできなかった」と振り返る者もいた。

反対された者はというと、「親は昔から役人、公務員が嫌いなタイプだった。加えて母自身は短大生活や若いころを楽しんだ人なので、ガチガチの高圧的な組織に入ってほしくなかったんだと思う。また元々国立大医学部志望だったので、第一志望からの落差も大きかった」「地元では防大はそんなに知名度もなかったし、自分は運動が得意でもなくおっとりした性格なのでとめられた」などと話した。

両親が自衛官というケースでは、「母からは『よく考えなさい』と言われた」と話す者もいた。「有事の際に命を捨てる覚悟について問われた。あとは、母の時代は育休はおろか、産休すらまともに取れないような環境だったので、それだけ女性として働くのに困難のあるところだった、と言われた」と言う。

また反対とまではいかないが、「心配された」という意見は複数あった。「なんでわざわざそんな危ない世界に行くのか」「男社会で大丈夫か」などと母親から心配されたというものから、「高校のときは遅刻癖があったので、やっていけるのかと思われた」というものまであった。

二〇一七年に内閣府が実施した「自衛隊・防衛問題に関する世論調査」では、「自衛隊に対してよい印象を持っている」と答えた人が九割弱に上る一方、「身近な人が自衛隊員になりたいと言ったら賛成するかどうか」という問いでは、賛成が六割強、反対が三割弱との結果になった。自衛隊に対してよい印象を持っていることと、身近な人が自衛隊に行くことへの賛成とはイコールというわけではない。反対理由のトップは突出して「戦争などが起こったときは危険だから」だった。

実際、自衛隊のイラク派遣の折には、派遣される隊員とその帰りを待つ家族とでは、家族の方がストレス値が高かったというデータが防衛衛生学会で報告されている。当事者は自分で選んで飛び込んだが、周囲は渦巻く情報に翻弄されながら、心配することしかできないことがストレス値を高めることは想像に難くない。

ちなみに、同調査では「賛成する」と答えた割合は男性で、「反対する」と答えた割合は女性でそれぞれ高かった。母親が娘や息子の身を案ずるという気持ちは、現在娘を持つ私にも理解できるところではある。ただ最初は心配していたという母親も、やはり大抵が「進学後はすごく応援してくれた」という。「つらかったら、いつでも帰ってきていいからね」と言うのも大体が母親の役回りのようだ。

友人らの反応は、まず興味と心配、そのほか「そもそも防大って何するところ?」という反応が多かったという。多くの高校生にとって自衛隊は身近なものではなく、防大を選択肢にも入れていないのだから、その反応も仕方のないところではある。中には進学後、「二〇〇八年のリーマン・ショック時に就職を余儀なくされた地元の友人は、すでに自衛隊に進路が決まっている私が羨ましく映っていたようだ」と話す者もいた。

　とはいえ、明確な反対の声もゼロではない。取材の中でも、「友達から『なんでそんなキツいところに行くの？　今からでも行くのやめて一緒にキャンパスライフを楽しもうよ』と言われた」と話す者もいた。さらに、「『そんなとこに行くんじゃない。右翼みたいになる。親もそんなところに行かせるために勉強させたんじゃないと思う』と反対されたし、家にも友達の親から『そんなところに入れたらいけません』という電話が何回もかかってきた」と話す者もいた。

「今は地元の自衛隊への感情もちょっとはよくなっている」とは話すが、この話も二〇〇〇年代後半の話だ。自衛隊への地域による感情差は明らかに存在する。

　そして何より多かったのが「高校の教師からの反対」だ。全体的には「賛成してくれた」という意見の方が多いものの、実に二六％もの女子たちが、程度の差こそあれ教師から賛成を得られなかった経験を持つ。これは特筆すべき事項だろう。

　そのうち、「体力のない自分を心配していた」「『進学』ではなく『就職』になることで選択肢が狭まることを反対された」といった、本人の将来を心配するものが六割強。残りは自衛隊そのものへの不信が感じられる反対だ。「推薦書を書いてくれなかった」「カトリックの高校だったから、シスターから『争いに加わらないでほしい』と言われた。『自衛隊は日本に必要な組織で誰かが担うべき役割だ』と反論したら、『もしそうだとしても、あなたがやる必要はない』と返された」「私が自衛隊への道を進んだことで、それまでの特別仲のよかった師弟関係は崩れた」「『本当にお金の問題なら貸すから、防大だけはやめなさい』と教師二、三人から言われた。めちゃくちゃ反対されたね」と彼女たちは話す。

一九八二年に放送された人気ドラマ『3年B組金八先生』のスペシャル版では、自衛隊を志す生徒に対して教師たちがこぞって批判や説得を繰り返す（結果、生徒は自衛隊行きを諦める）という場面があった。八〇年代初めにはすでに世論調査において「自衛隊はあった方がよい」とする回答が八割を超えていたが、それでもそういった描写が茶の間に流れた。「教え子を再び戦場に送らない」という、戦後日教組が提唱したスローガンは、教育現場では未だに残っているようだ。

なお、進学当時に彼氏がいた場合には、「賛成された」という声はついぞ上がらず、「反対された」か「心配された」のどちらかだった。どれだけ時代が変わっても、この点はあまり変わらないのではないか。

「中高は文化系」も少なくない防大志望者

　最後に、運動能力についても触れておこう。「防大に行こうと考える女子なのだから、みんな体力にはそこそこ自信があるのでは」。入校前の私はそう思っていた。そのため、二次試験の会場で隣の席の女子がバリバリの文化部だったと聞いて意外に感じ、その子と防大で再び会ったとき、さらに驚いた。確かに、総じて入校時点で身体能力の高い女子は多い。高校で一番スポーツができた、という女子も珍しくはない。私もまずまず運動はできる方だと思っていたが、入校後、上には上がいるものだと思い知らされた。

　だが想像以上に、「運動は得意ではなかった」「中高ずっと文化部だった」という女子も多い。合格が決まった際、「自分も友達も防大のイメージといえば体力錬成って感じだったので、運動してなかった私を誰もが心配していた。入校前に体づくりを手伝ってくれる友人もいた」と話す者もいた。

　防大には一般入試のみならず推薦入試もあるが、推薦で入校した中にも、運動が得意ではないという者はいた。明らかに自衛隊に向いていそうなチャキチャキした体力のある女子が推薦で落ち、体力のない女子が推薦で受かったケースもある。「推薦の合格基準ってよく分からないな」とはしばしば在学中も話していたが、少なくとも受験段階では、体力の有無はさほど重視されていないようだ。

では防大で体力は必要ないかというと、間違いなく必要となる。この点は本書を通じて折に触れ、言及することになるが、特に「長距離走」「腕立て伏せ」「重量物の運搬」能力は極めて尊ばれる。運動が苦手な女子はそういった面ではキツくなる。とりわけ陸上要員（防大2学年において陸上・海上・航空の各専門区分が指定される）だと、体力のなさは致命的だ。ただし、防大に行ってよかったこととして、「運動音痴だった自分が運動に忌避感がなくなったこと」とする意見があるように、否が応でもある程度の運動はできるようになる。

そのため、「体力があった方がいいか」という問いにはもちろん「イエス」だが、「入校当時に体力がなくてもやっていけるか」という問いにも「イエス」と答えたい。

例を挙げると、1学年時の夏の遠泳がある。防大では夏に一カ月間の訓練期間が設けられるが、1学年のメインの訓練は「東京湾を八キロ泳ぐ」ことだ。五百人弱の1学年の中には、泳げない者も、そもそも北海道出身でプールの授業をあまり経験していない者もいる。それが、七月には全員が八キロを泳げるようになる。防大での生活を最低限こなすだけの体力は、普通に防大で過ごせば勝手についてくる。取材ができた者全員に「防大でつらかったこと」を聞いたが、体力面そのものを挙げる者はあまりいなかったことがその証左だろう（逆に言えばそれよりつらいことがあるということでもあるが）。

ただ、後述するが、「体力がなくてもなんとかなる」とは言ったものの、体力のなさは足かせにはなり、その場合にはそれを凌駕する何かを持っていた方がよいこともまた事実だ。学力であったりリーダーシップなら素晴らしいが、根拠のない自分への自信でもよい。「体力不足」に引け目を感じることは、時に自己肯定感を下げることにもつながる。

「元は普通の女子高生」が変わる場所

結局のところ、どういう者が「防大女子」となるのか。結論としては、「どこにでもいる真面目な女子」が多数を占める、と言える。最初の段階では国防意識も大して持ち合わせていないが、経済的自立や自分の将来のために、多少の自衛隊への興味と共にやってくる。「幹部自衛官」という言葉が連想させるような屈強なイメージとは異なり、巷の女子高生と同じように、学生生活はもちろん、おしゃれと恋を楽しんできた者も多い。

進学先を防大に選ぶくらいなので多少腹は括っているかもしれないが、「特に深く考えずに来た」と答える者もかなり多い。防大に進学していない友人と比較しても、みな特別に変わっているわけでも、強いわけでもない。悲しいことがあれば泣き、楽しいことがあれば笑う。おそらく初めて会う人に「防大生です」と自己紹介すれば、「え、意外。防大生のイメージと違う」というような反応が返ってくるだろう女子がほとんどだ。

ただ、四年間もあれば人は変わる。まして防大という特異な環境に、十代後半から二十代前半の若者が放り込まれるのだから、変わらないわけがない。いろんな経験を経て強くなったり、女子の場合は時に精神的に弱くなったりもする。入校時には薄かった国防意識も、程度の差はあるが四年間のうちにいつの間にか育てられる。先に紹介した調査によると、男女合わせた防大生の九割以上が、卒業時には国防の重要性を認識するという。

では、具体的に彼女たちはどういう生活を送っているのか。次の章で詳しく見てみることとしたい。

第二章 「防大女子」の生活

授業に行くときも全員で課業行進（筆者提供）

期待と不安が入り混じった着校

二〇〇七年四月一日。私は京浜急行馬堀海岸駅からタクシーに乗り、防大にたどり着いた。正門からは、白く綺麗な建物が見える。受験はすべて居住地にある施設で行われたので、防大を見るのは着校日が初めてだった。持ち物は判子、文房具、洗面用具、下着、Tシャツと短パン、それにいくばくかのお金程度。そこまで大きいわけでもないカバンに収まってしまう程度の分量だ。とてもこれから大学生活を始める女子の荷物の量とは思えない。胸には新たな生活への期待と、厳しい環境でやっていけるだろうかという一抹の不安があった。

午前八時半から十一時の間に着くよう事前に指示があったため、余裕を持って八時半過ぎに着くと、すでに多くの同期たちが到着していた。私の心情も手伝ってか、みなやや緊張した面持ちに見えた。当時は大体が本人だけで来ていたが、今は保護者の付き添いも目立つという。

防大は大隊制【図1】を敷いており、二千人弱の学生が四つの大隊に分かれ、校内の「学生舎」と呼ばれる寮で生活している。私の所属は第1大隊だとの指示を受け、校内を

【図1】学生隊の編成

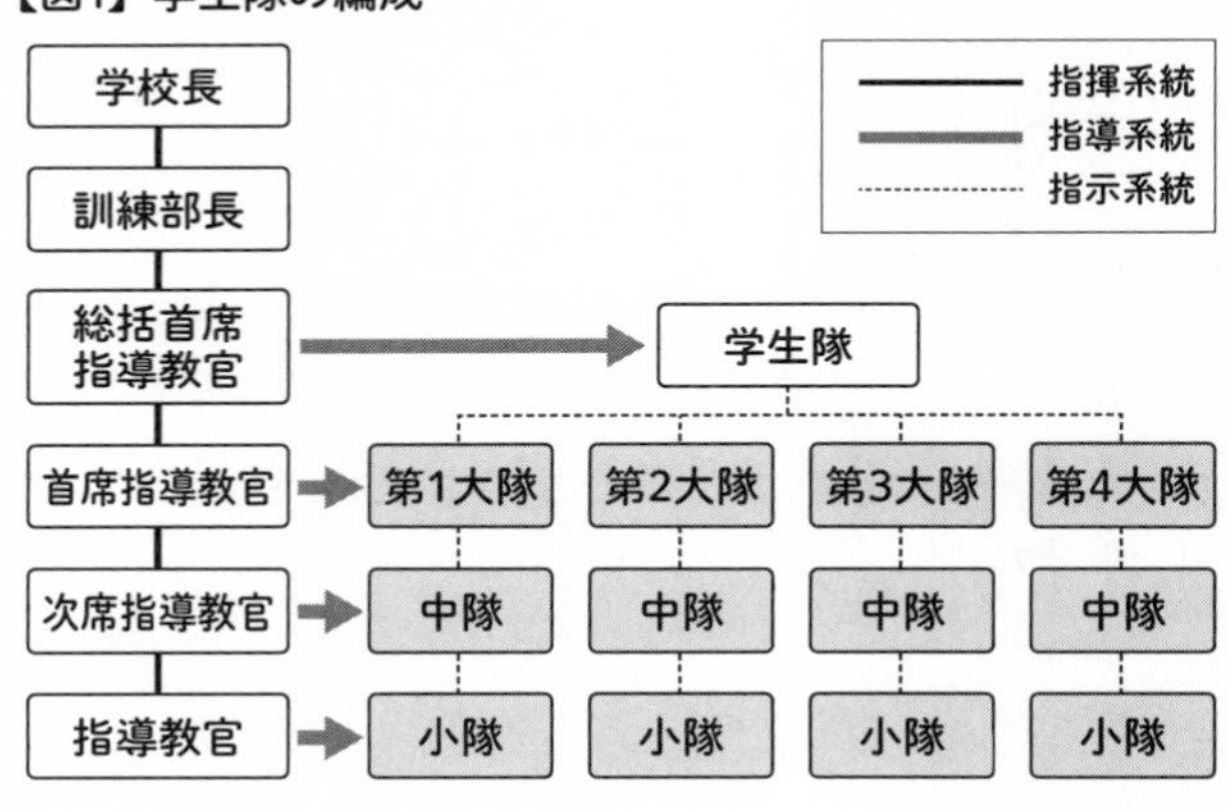

移動する。校門から学生舎までの道のりは桜が立ち並び、思わず見惚れてしまうような光景だった。防大のみならず、自衛隊の駐屯地には桜が咲き誇っている場所が多い。

一見美しく整備された防大を見て、「ここならやっていけそうだ」と何の根拠もない感慨が湧いたことを強く覚えている。そして1大隊に到着すると、学生舎の前で待っていた上級生に名を告げ、またしばらく待つ。そのうちに、上級生の女子学生がやってきた。「よろしくね！早く来てくれてよかった」。威圧感を感じさせない、明るい人だった。この上級生が、防大で導入している「対番制度」の相手、私から見た「上対番」だ。

対番というのは企業でいうメンターのような

もので、新入生にいろんなことを教えてくれる、なくてはならない存在だ。入校してしばらくは、ミスをするたびに上級生に呼び出されて叱責されるが、最初のうちは自分が怒られる代わりに「きちんとした指導ができなかった」と上対番が怒られることもままある。自分のせいでなんの落ち度もない上対番が怒鳴られる姿を見るのは極めて心苦しい。「上対番のためにも早く成長しなければ」。こうして、入校ほどなくして「連帯責任」「誰かのために頑張る」ことを学ぶ。

基本的には2学年が1学年の上対番となるため、校内には四人の「対番系列」が存在することになる。「対番会」といって最上級生が下級生を街へ連れ出す独特の風習もある。対番系列は脈々と続いているものなので、自分の下対番が防大を去ることになると、「自分の代で対番系列を途切れさせてしまった」と悲しむことになる。

話を戻すと、「早く来てくれてよかった」と言われたのには理由がある。防大の生活はとにかく初日から忙しいのだ。まずは特にお世話になる指導官、上級生への挨拶を行う。そして制服の採寸から作業服への着替えに校内の案内、学生舎のルールの説明など、あっという間に時間が過ぎる。身体検査も行われるが、この際併せて薬物検査も実施される。ちなみに、1学年の間は外出時にも私服を着ることが許されないため、学校まで着てきた私服はその後実家に送り返すことになる。

移動中、他学年とすれ違えば敬礼を交わし、頻繁に「1300（ひとさんまるまる）舎前に集合せよ」といった専門用語を交えたアナウンスが流れる。最初のころはそんな一つ一つに「おぉ、軍隊だ……！」と心の中で感動していた。

私の住む寮は、学生隊で最も古い「旧号舎」と呼ばれる建物だった。「旧号舎」という字面だけでもいかめしいが、とにかく住環境としては全く褒められたものではない建物だった。クーラーなんてものはなく、あるのは大きな音を出すヒーターのみ。夏は暑く、冬は寒い。ベッドには真夏でも毛布しかない。時々、暑すぎて床に伏して涼を取る者もいたくらいだ。

雨が降ると雨水が室内に浸入してくるのを防ぐため、窓の桟に新聞紙を折り曲げて挟む。強風が吹けば、窓が割れないようにガムテープをバッテン印に貼る。「このガムテープになんの意味が？」と長らく思っていたところ、ガムテープを貼りそびれた窓は確かに割れた。ちなみに紙のガムテープだと剝がすのに苦労するので、布テープのほうがいい。どんなに昔の話かと思われるかもしれないが、恐ろしいことに、これは二〇一〇年代の話である。今は全員が新号舎に移っており、さすがにこういったことはない。羨ましい限りだ。

建物の構造としては、一〜三階が男子フロア、四階が女子フロアになっており、女子フロアは心理的にも男子が極めて足を踏み入れにくいことから、「大奥」とも呼ばれていた。

テレビなし、腕立て伏せに「これが防大か」

部屋員は1〜4学年混成の四〜六人で構成されていた。防大の部屋割は時代によって変化し、同期二人部屋という時期もあったが、「同期二人では堕落がすぎる」というのですぐに廃止となり、現在の学生舎では八人部屋が基本となっている。部屋は居室と寝室に分かれ、居室にはそれぞれの机が置かれている。テレビやゲームはおろか不必要なものが全く見当たらない、いたって殺風景な部屋だ。漫画は持っていてもいいが、見えない場所に隠さなければならない。高校まではかなりのテレビっ子だったので、テレビがない生活に戸惑うかと思いきや、とてもそこまで思いを致す余裕などないことをすぐに知ることになる。

机の上の書籍は、綺麗に背の順に並んでいる。これを「身幹順（しんかんじゅん）」といい、何事もこの順序が自衛隊の基本となる。パレードなどでも「身幹順に整列！」と指示される。ただこのパレードでの身幹順というのは、背が高い者から前に並んでいくため、女子は基本的に一番後ろに並ぶことになる。結果、女子の視界には男子の背中しか入らない。

寝室は二段ベッドで、毛布が綺麗に整頓されている。下段のベッドを上級生が使うのだが、1学年は上級生の眠りを妨げないよう、上り下りする際には最大限の神経を使わなければならない。なお、これが現在の新号舎になると女子フロアと呼ばれるものはなく、各階の端っこに女子部屋が置かれる形となる。基本は八人部屋で、壁に向かって、各人の机が配置されているのだが、とりわけ入校当初など人数が多い場合、1学年の机が部屋のど真ん中に設置されてしまうこともある。

新号舎は綺麗であることはもちろん、何より暖房が設置されていることが旧号舎の人間から羨望の眼差しを向けられた。また1学年にとっては、二段ベッドではないため、「上級生への気遣いとしてベッドを動かさないように心がける」ことや、消灯時間になると電気が自動で消えるため、「電気を手動で消す」ことをしなくてよいのが心から羨ましい。どちらも、粗相をすれば上級生の叱責の対象となるからだ。

忙しなく動く上級生の姿、清掃や点呼の厳しさを見て、誰しもが着校したその日から「これが防衛大か……」と息を呑むことになる。防大では着校日、上級生による「歓迎の腕立て伏せ」が行われることが多い。入校した1学年の期別の数だけ（私の場合は五十五期＝五十五回）上級生が腕立て伏せをする姿を見て、「なんだこれはと衝撃を受けた」「やばいところに来ちゃったと思った」「見ている分には面白かった」などという声が取材の中でちらほら聞こえた。

防大について「なんの予備知識もなく来た」という者の中には、「あまりにびっくりしてしまってその夜は寝られなかった」という声もあった。

入校の第一関門、髪を切る

防大生には毛髪の長さの指定がある。染髪は当然禁止だ。女子は1学年のみショートカットにせねばならず、その長さも耳や襟足が完全に隠れればアウトと決められている。春高バレーでよく見かける髪型、と言えば想起しやすいだろうか。ショートの中でもベリーショートの部類だ。うら若き十代の乙女がこの髪型にするのはなかなかの決意がいる。

私は高校時代、いわゆる「お姉系」を軽く自称していた。休日には髪をコテでグルグルに巻き、大人っぽい服装を好んで着用していた私にとって、この「髪を切ること」が防大入校への第一の関門となった。

女子の中にもこの髪型を「あまり気にしていない」というツワモノもいるにはいたが、「好ましい」と思っている者は聞いたことがない。2学年の五月以降は伸ばしてもよくなるため、みなその時期を心待ちにしていた。

しばらくは鏡で自分の姿を見るたびに落ち込んでいたが、同時に1学年時はドライヤーで髪を乾かす時間すら取れないため、あっという間にドライヤーいらずで髪が乾くこの髪型は、防大1学年の生活を送る上ではなるほど合理的だとも思うに至った。

ちなみに、男子の髪型は「帽子からはみ出さない」が基準となる。そのためトップには多少ボリュームを残し、サイドが短いといった男子が量産される。この髪型は1学年であろうが4学年であろうが、はたまた部隊に行こうが大して変わらない。駐屯地や基地のある地域でこういう髪型をした屈強な男がいたら、それは大体自衛官だと思って間違いない。

ただ、最初のうちは「みんな似たような髪型で同じ制服を着て、見分けがつかない」と思っていたのが、みな同じ服装だからこそ、その人の持つ本質的な個性がより浮き彫りになることを実感したのは面白い発見だった。

わずか五日で一割退校

防衛大学校に到着したのは四月一日。入校式は四月五日。この期間は通称「お客様期間」と呼ばれ、まだ防大生として正式に認められない期間となる。最初は歓迎ムードで迎え入れてくれ、優しかった上級生も、入校式を終えて正式に「1学年」として認められると一転、厳しい態度になる。

この数日間は、「すぐに防大をやめられる期間」でもある。入校までに退校の意思を伝えると即日受理され、家に帰ることができるが、入校式を過ぎてからの退校手続きは完了までにかなりの時間がかかるようになる。上級生も、やめるなら早い方が本人のためになると信じているので、この「お客様期間」にあえて厳しい態度を見せつける。ただし、まだお客様の1学年に、ではなく、2学年にこれでもかというほどの指導をし、1学年を震え上がらせるのだ。

とはいえ、私は「仮にも幹部自衛官になると決意して入校してきたやつが、数日やそこらでやめるわけがないだろう」と思っていた。仮にも軍隊組織であり、入校案内にも、「熟考し、しっかりとした自覚と、やり抜く覚悟を持って入校することを期待する」と書いてあるくらいだから、厳しい場所であることくらいは分かっていただろう、と。

しかし学生の数は目に見えて減っていった。私の隣に座っていた北海道から来た女子学生も、二日目までは「とりあえず最初の給料日までは頑張ろう」と言い合っていたのに、三日目には「ごめん、無理だわ、やめる」と去って行った。

毎日入校式のための練習があり、最後に学生代表が「総員○名！」と言う場面があるのだが、うろ覚えだが当初五百二十名ほどいた学生が、入校式当日には四百七十名超になっていた。わずか数日で約一割が減った。ちなみに卒業時にはもう一割ほど減っている。私の三期上にあたる五十二期では、入校五百六十一名、卒業四百二十四名、退校百六名、留年三十一名だった。また女子に限って言うとやめる割合はさらに高く、これまでの女子全体では入校したうちの三分の一は卒業前にいなくなる（直近五年間では六分の一）。

ただし一つ補足しておくと、やめていく人間というのは別に弱い人間でも、頑張れない人間でもない。単に自衛隊という組織に合わなかっただけだ。自衛隊には「国を守る」という崇高な大義があるだけに、「みんな頑張っているのに、これを乗り越えられない自分はダメなんじゃないか」と思い悩んでしまう真面目な人間が必ずいる。でもそれは違う。組織がその人に合わなかっただけなのだ。国の守り方、志の実現の方法など、ほかにもいくらでもある。やめることは逃げではない。自衛隊的に言うと、長い目で見て勝利を得るために必要な「戦略的撤退」だ。この点は声を大にして言いたいところである。

「名誉と責任を自覚し…」入校時の「服務の宣誓」

入校式では、「服務の宣誓」と呼ばれるものを行う。

〈私は、防衛大学校学生たるの名誉と責任を自覚し、日本国憲法、法令及び校則を遵守し、常に徳操を養い、人格を尊重し、心身を鍛え、知識を涵養し、政治的活動に関与せず、全力を尽して学業に励むことを誓います〉

この宣誓を経て、正式な「防大生」となる。なお、防大の入校式には父兄が多くやって来る。式の後には「午餐会」と呼ばれる、親と昼食を取る機会が設けられ、会話をすることもできる。関東出身以外の学生の多くは、この午餐会以降、夏休みまで親と会うことはほぼない。母は、式典後の観閲式と呼ばれるパレードで、一時間ほど「整列休め」と呼ばれる姿勢で微動だにしない私を見て、母は「あんなに落ち着きのなかったわが子がじっとできている」と泣いてしまった、と話した。ちなみに「整列休め」とは、両手を後ろに回して重ねて腰に当て、足を開く姿勢であるのだが、これが結構キツい。入校式のパレードでは、耐えきれずに途中で倒れた同期もいた。

「お客様」ではなくなった1学年に対する当たりは、ここから急に厳しくなる。中には、

「それまで優しくしてくれた上級生が、入校式が終わった途端、人が変わったように怖くなったことが防大生活の中でも一番怖くてつらかった」と振り返る者もいた。

防大生の一日

では、わずか数日で一割がやめるほどの生活とはどのようなものなのか。防大生がどのような一日を送っているのかを紹介したい。基本的なスケジュールは【図2】の通りで、全学年に共通だ。時代の流れの中で起床時間が早くなったり延灯時間が延びたりといったことはあるが、基本的には今も昔も変わらない。

これに加え、各期には「訓練期間」と呼ばれる訓練のみを行う期間もあるが、基本的には学問を中心とした四年間となる。ご覧の通り、朝から晩までスケジュールがびっしり組まれており、生活に時間の余裕はない。平日に外出すること、飲酒は認められていない。

より臨場感を味わってもらうため、入校まもない1学年の生活を起床から消灯に至るまで、具体的に見てみたい。この1学年は私自身の経験に加え、取材で得られた意見を基につくられた架空の存在である。

◎**六時　起床**

♪パッパラッパパッパラッパパッパラッパパッパッパー

ある月曜の朝、起床ラッパの音が学生舎に鳴り響く。「おはようございます！」と大声を出して飛び起きる。「また一週間が始まる……」と憂鬱な気分になりながら全速力で毛布、シーツを決められたやり方で綺麗に畳み、着替えに移る。白Tシャツ一枚、作業着のズボンを着て部屋を飛び出す。

学生舎内にはそのときの担当がかける音楽が鳴り響く。流行りのJ－POP、洋楽の名曲、アニソンまでジャンルは幅広い。今日の曲はクリスタルキングの「愛を取り戻せ!!」だ。「ＹｏｕはＳｈｏｃｋ！」という歌詞に「ほんとだよ」と共感しながら、学生舎の前まで全速力でダッシュする。「1年ー！　遅いぞー！」「何やってんだー！」すでに整列している上級生からの怒声が飛ぶ。起床から整列までに許された時間は五分。自分が低血圧でなくて本当によかったと思う。高校までは下着を着けずに寝る派だったが、今は時間的にそんなことは許されない。最初は窮屈だったが、すぐに慣れた。

◎**六時五分　点呼**

点呼とは、全員が揃っているかを確認する極めて重要な作業だ。各学年順に四列に並ぶ

【図2】防大生の一日

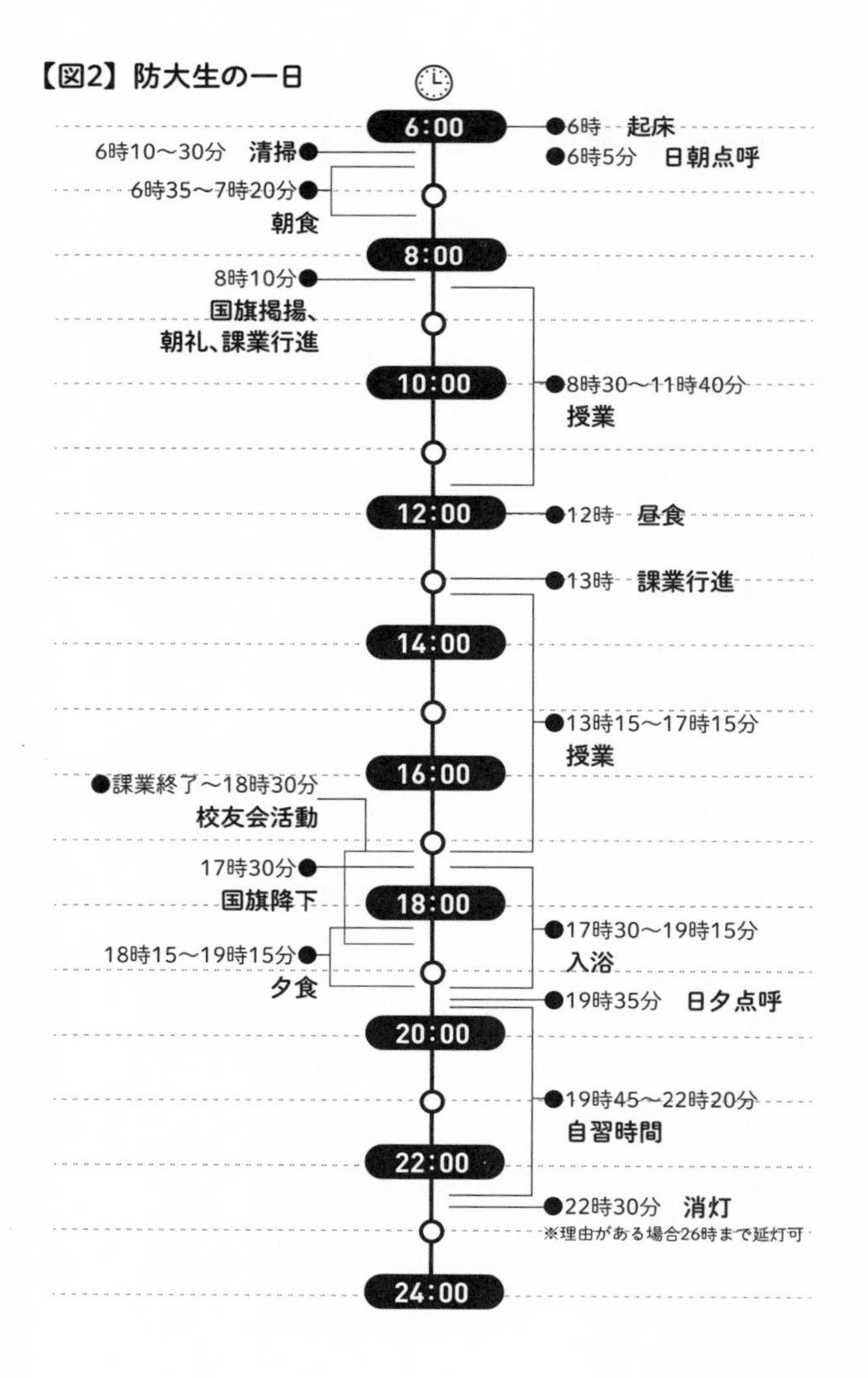
6:00
8:00
10:00
12:00
14:00
16:00
18:00
20:00
22:00
24:00
6時　起床
6時5分　日朝点呼
6時10〜30分　清掃
6時35〜7時20分
朝食
8時10分
国旗掲揚、
朝礼、課業行進
8時30〜11時40分
授業
12時　昼食
13時　課業行進
13時15〜17時15分
授業
課業終了〜18時30分
校友会活動
17時30分
国旗降下
17時30〜19時15分
入浴
18時15〜19時15分
夕食
19時35分　日夕点呼
19時45〜22時20分
自習時間
22時30分　消灯
※理由がある場合26時まで延灯可

が1学年のみ上級生の方を向いて「まえへー、すすめ！」「みぎむけー、みぎ！」と号令をかけながら、全員で乾布摩擦を行う。女子はTシャツを着られるが、男子は上半身裸だ。一年中同じ格好で行うため、冬はかなり寒い。女子はTシャツの下にヒートテックも着込めるため、男子からは怨嗟の声が聞こえてくる。

「号令やめ！　1学年のみ回れー右！　気をつけ！」と、「週番学生」と呼ばれる週替わりで学生を束ねる任務に就いた学生が号令をかける。「141小隊！　総員百六名、現在員百三名、事故三名、事故内容長勤一、週番二！　集合おわーり！」と、人員の現況を報告する。最初に「事故」と聞いたときは「なにか重大なことが起きたのか」と思ったが、自衛隊での「事故」とは単に何らかの理由によりその場にいない人物の数と知って胸をなでおろした。

◎六時十～三十分　清掃

「解散！」との号令がかかると、またダッシュで部屋に戻る。というより授業に行く際の行進を除き、すべての移動はダッシュだ。もちろん学生舎内もしかり。「廊下は戦場。三歩以上はダッシュ」。これが入校後ほどなく叩き込まれる教えだ。義務教育で教わった「廊下は走らない」という標語は、防大では通用しない。ただし、戦場なのは1学年にとってだけで、２学年以上になるとただの廊下になるようだ。歩いてもいいというのがうらめしい。さらに女子は四階に住んでいるので、この階段ダッシュが地味にキツい。どうして男子よりキツい環境なんだ、と思いつつ息を切らして自室に戻り、作業着に着替える。

自分のロッカーから清掃道具を取り出し、清掃場所に向かう。今日の清掃箇所は洗濯室だ。１学年は毎日清掃場所が変わるが、清掃長である２学年は固定。洗濯室の長はちょっと厳しい。清掃手順も全て決まっているので頭の中で手順を思い浮かべながら、２学年の「清掃開始」という敬礼で動き出す。

防大の清掃は、一般的な清掃とは程遠い。まずスピードが桁違いに速い。体感的には普通の掃除の二十倍くらい速い。ホウキを掃くのも、雑巾をかけるのも、唖然とするしかないスピードだ。それでいてきちんと綺麗になっている。最初は「なんだこれ……」と、他の何に対してよりも恐怖を覚えた。同期も「人間技ではない」と言っていた。まさか掃除に恐怖するとは思ってもみなかった。クイックルワイパーとか掃除機とか使ったら速いのでは……なんてみんなが思ってることだけど口には出せない。

「おいここゴミ残ってんぞ！」。上級生が窓枠の隅に残った埃（ほこり）を指で拭う。あんたは私の姑か。清掃の際に怒られないことはまずない。「手順違うぞ！」「遅いぞ！　時間内に終わんのか！」「やる気あんのか！」等々。たくさん怒られた結果、清掃終了後、「後で私のところに来るように」と呼び出しを受ける。

意気消沈しながら部屋に戻ると、整えたはずのベッドが荒らされている。綺麗に畳めていなかったからだ。ベッドはシーツを一番下にし、下から大きい順に毛布を断面を揃えて並べ、「バームクーヘン」と呼ばれる状態をつくらなければならないが、確かに今日の出来は微妙だった。上級生の方がゆったり行動してるのに、なぜ私より早く綺麗に畳めるんだろう。急いで再度畳み直し、部屋を出る。

◎六時三十五〜七時二十分　朝食

1学年の女子で集まり、走って食堂に向かう。この道すがら、上級生への敬礼も忘れてはならない。防大は、制服や作業服の名札を見れば学年と陸海空の要員が分かるようになっている。4年が赤、3年が黄、2年が緑、1年が白。また陸は茶、海は紫、空は水色だ。上級生が前から歩いてくれば立ち止まり、大声で「お疲れ様です！」と敬礼し、追い抜かす際には頭を下げながら「失礼します！」と言わなければならない。うっかり挨拶を忘れようものなら、全く知らない上級生から「おい1年！　欠礼か！」とどやされることになる。走っては止まり、走っては止まり、頭を下げて追い越し、走っては止まり……。食堂までのそう遠くない道がやたら長く感じられる。

食堂では並んだおかずを手に取り、大隊ごとに定められた位置で喫食する。パンかご飯が選べるようになっているが、ご飯の場合には配膳に時間を要するので、必然的に1学年はパンを選ぶことになる。パンをトースターで焼くことも可能だが、もちろん1学年にはそんな時間はない。今日のメインは食パン2枚。食パンの耳は咀嚼するのに時間がかかるので食べない。白い部分だけを素早く食べながら、「次の洗濯室（係）、誰だっけ。今日は夜に靴墨落とするからその用意しとけって」などの伝達事項を共有する。滞在時間数分、慌ただしく席を後にする。

朝食から戻ると、制服に着替え、朝の課業の準備をする。それが終わると先程「呼び出し」を受けた上級生の元を訪れる。廊下で待つが、ゆっくり朝食を食べているのか、なかなか帰ってこない。時計とにらめっこしながら、上級生を待つ。ようやく上級生が帰ってきて、部屋に入ったのを確認し、ドアを叩く。

自室以外の部屋に入る際にも決められた手順がある。部屋に入って最上級生に向かって敬礼し、「143小隊1学年松田学生は、○○さんに用件があり参りました！」と言って上級生の元に赴き、「呼び出しの件で参りました！」と告げる。

「なんで呼び出されたか分かってんの?」「清掃に不備があったからです!」「どんな不備?」「手順を抜かしたことと、ゴミを取りきれなかったことです!」「なんでそんなミスするの?」……ミスになんでも何もあるものか、と思いつつ、「気が抜けていました!」と答える。ほかに答えがあるのなら教えてほしい。「なんで気が抜けてるの?」答えようがない追撃だ。沈黙していると、「黙ってたら終わんねーぞ!」とまた叱られる。なんて答えるのが正解なんだ……と思いつつ時間だけが過ぎていく。

入校してから毎日、複数回の呼び出しを受ける。理由はささいなものだ。生活態度が悪い、制服の着こなしができていない、清掃手順を飛ばした……。ときには「よくもまぁそんなことでそんなに怒れるものよ」というほど長時間拘束される。結局今日は、朝礼間際まで拘束されることになった。

◎八時十分　国旗掲揚、朝礼、課業行進

八時十分を目安に、朝礼のために集合する。同時刻になると国旗が掲揚されると同時に国歌が流れるので、国旗の方向に向かって敬礼を行う。君が代は短いと思っていたけど、こうしてずっと敬礼をしていると案外長く感じられる。特に銃を持っている際には、銃の重みのせいで余計に長い。国歌が流れ終わると朝礼の時間だ。

と、その前に、入校してしばらくは朝礼前に制服にきちんとアイロンがけがなされているか、制服の金属部分が磨かれているか、靴が磨かれているか……などの「容儀点検」と呼ばれるチェックがある。シワ一つ、埃一つ付いていてはならない。着こなしにも一切の乱れは許されない。「容儀の乱れは心の乱れ」という標語が階段の踊り場に貼ってあるくらいだ。

今日こそは完璧だ、と臨むも、あえなく「埃」と指摘される。見れば白い糸のような埃が付いている。なぜだ。不備を指摘された場合、氏名や日時、不備内容を記載した「報告書」を提出しなければならない。それはすなわち報告書を書く時間、上級生の元に行く時間を確保しなければならないこと、そしてまた怒られることを意味する。今日はいける！と思っていただけに落胆も大きい。

今日の朝礼は上級生による三分間スピーチだった。短い話にオチを入れるのがうまい。要所要所で笑いを取ってくる。終わると小隊ごとまとまって行進しながら教場に向かう。私の所属小隊は男子二十五人、女子五人という学年でも最も女子が多い文系小隊だ。入校前、防大生にはいわゆるミリオタが多いのかな、と思っていたが、そうでもない。こうして制服を着ていることを除けば、男子も女子も想像以上に普通の学生が多い。

◎八時三十〜十一時四十分　授業

授業前の大事な作業、それが歯磨きだ。学生舎では時間がなくて歯磨きができないことがほとんど。それだけはなんとかならないものかと思う。教場に戻るとメモ帳を取り出し、授業開始までに報告書を作成する。この報告書が曲者で、全て手書きなのは勿論、決められた様式があり、ミリ単位のずれも、インクのにじみや溜まりも許されない。最後の最後でインク溜まりが起きようものなら一気にテンションが下がる。慎重に筆を進め、なんとか今日は二枚目で完成させることができた。

一、二限の授業は国際関係論。『想像の共同体』を読み解く。授業自体は面白い。が、いかんせん学生舎のプレッシャーから解放された安心感から、睡魔がやってくる。今日の睡魔はまた一段と強敵だ。面白い授業だから聞いていたい……と思うけれど、気がつけばクラスの半分以上は戦いに負け、机に伏している。気を取り直して三、四限は国防論の授業。今日は孫子の兵法について。「こんな昔にここまでのことを言ってたんだ」と驚く。「国防」について学ぶことは大事なのに、なぜ高校までの教育には全くなかったのだろう、と不思議にも思う。

◎十二時　昼食

授業がちょっと延びたので、小隊ごとダッシュで食堂に向かう。朝と夜は各個に食べるが、昼は全学生が揃って喫食する（二〇二一年現在は、コロナ対策等で異なる場合もある）。その配膳は1学年が担当する。上級生に欠けていない器、美味しい白米を提供すると決められているが、炊飯器が大きく古いので、出来上がりの品質にムラがある。結果、美味しい部分は上級生に献上し、1学年の白飯は大体「こげ飯」か「べちゃ飯」となる。

防大では、月曜日にカレーが出ることが多い。海上自衛隊では毎週金曜日がカレーの日なのに、防大ではなぜ月曜日なのかは分からない。カレーは人気メニューではあるが、困った点が一つ。夏になると制服が真っ白になるのだが、飛び散ったときのダメージが大きいのだ。これを通称「被弾」と呼ぶ。真っ白な制服にカレーの染みは目立ち、また落ちにくい。そして制服を洗う時間、アイロンをかける時間が必要となる。そんなわけで、月曜の昼は注意が必要だ。これが時々出る「カレースパゲティ」になると、食べる際にもかなりの注意を要することとなる。今日は誰も被弾することなく配膳を終えられた。

なんとか十二時までに配膳を終わらせ、上級生を待つ。場の話題提供の役目は1学年だ。それができないと「何黙ってんだ1年」と後で呼び出しをくらうことになる。だから金曜と月曜はありがたい。「週末何されるんですか」「週末何されたんですか」が通用するからだ。今日は月曜日。早速「週末は何されてたんですか」と聞く。「あー寝てたわ」……撃沈である。なお、昼食後は「上級生から席を立つ」というルールがあるので、どんなに急いでいても下級生が先に席を立つことはできない。上級生があえて席を立たず、下級生にたくさん食べることを強要する「食いしばき」と呼ばれる行為もあるが、女子間の食いしばきは男子よりは少ない。

その他、朝食から昼の集合までの間に、ベッドメイキング、アイロンがけをできる限り行う。ベッドは「落とした硬貨が跳ね上がるほどのハリ」というホテル並みの水準を求められる。二人で組むと一人よりもずっと早くメイクすることができるので、毎日同期のありがたみを感じる。アイロンがけは通称「プレス」と呼ばれ、シワや二重線をつけることは許されない。Wikipediaのパロディサイトであるアンサイクロペディアに、「防大はアイロンがけと掃除のプロを養成する施設でもある」とあったが、あれは真実だったとふと思い出す。

◎十三時　課業行進　十三時十五～十七時十五分　授業

週に一度、月曜の午後は訓練の授業だ。授業内容は銃の分解・結合。入校二週間くらいすると、「銃貸与式」を経て、各人にそれぞれ銃が貸与された。「６４式小銃」という一九六四年に採用された年代ものの銃だ。「小銃」とは言っても銃身九十九センチ、重量四・三キロある銃は持つとずしりと重みを感じ、女子的には「どこが『小』銃なんだ」と思わされる。

「まだ高校生気分が抜けていない、こんな中途半端な状態で人を殺せる道具を受け取ってよいのだろうか。私はこの銃を人に向けて撃てるのだろうか」と銃を触りながら考える。とはいえ、まず今すべきことは銃の分解・結合、そして部品の名称の暗記だ。どんな場所、状況下でも誰でも組み立てられるよう、分解した部品を置く位置も決まっている。

◎課業終了〜十八時三十分　校友会活動

待ちに待った部活動の時間、防大では「校友会活動」と呼ぶ。私が所属する銃剣道部は総合体育館が活動場所だ。学生舎では鬼のように厳しい上級生も、校友会では優しい。学生舎で神経をすり減らす1学年にとって、校友会は憩いの場ともなる。銃剣道という馴染みのない部活に入ってみたが、馴染みがないからこそ競技人口も少なく、部としては「日本一」を目指すらしい。

◎十七時三十分　国旗降下

国歌が流れ、朝掲揚された国旗が降ろされる。この時間はどこにいて、何をしていても一旦動作を止め、国旗のある方に体を向けなくてはならない。校友会でちょうど上級生に稽古をつけてもらっていたところだったが、もちろん中断だ。

◎十七時三十～十九時十五分　入浴

男子は大隊ごとに風呂場が分かれているが、女子は一つだけ。1学年に許されるのは、上級生が入っている湯船のお湯を使うことのみ。建前では「シャワーは空いていれば使ってよい」とのことだが、いつ上級生が来るか分からないので全くもって使えない。各学生舎にシャワーもあるが、こちらも1学年時は使用不可。体育館にもシャワーがあり、私が銃剣道部を選んだのも、体育館を使用する校友会に所属しているとシャワーが使えるためというのが、ひそかな理由の一つでもあった。

◎十八時十五～十九時十五分　夕食

朝昼晩合わせた一日の摂取カロリーは約三千四百キロカロリーに及ぶ。一般的な同年代の女子に必要なカロリーと比べると倍ほどもある。食べている身としてはそこまで量がべらぼうに多いとは感じないのが逆に怖い。それでも太らないのがすごい。そして極め付きに、まずい。特に今日のメニューである牛肉はゴムのような食感だ。母のご飯が恋しい。とりあえず口に押し込み、学生舎に戻る。

◎十九時三十五分　日夕点呼

ピンと張った作業着を、二人がかりでピシッと着こなし、夜の点呼に臨む。夜の点呼は朝とは違い各中隊ごと、学生舎の廊下で行われる。前後に二人ずつ立ち並び、横に長い列ができる。「気を付け！　番号はじめ！」と言うと、中央に近い場所にいる前の列の人間から「1！」「2！」「3！」と数えはじめ、最後まで行くと一番後ろの人間が偶数ならば「満！」、奇数ならば「欠！」と叫ぶ。

次は作業着の容儀点検が行われる。「着こなし不備！」……ベルトのところにシワができている。報告書一枚追加だ。

「1学年と4学年を残し、解散！」。点呼は終了。だが案の定残される。そう、腕立て伏せの時間がやってくるのだ。防大生は腕立て伏せが大好きだ。ことあるごとに何かしらの理由を付けて腕立て伏せを行う。毎日1学年がミスをしたといっては腕立て伏せ、体力錬成といっては腕立て伏せ。女子は腕力がなく、下手な姿勢では腰を痛める恐れがあるため、もう無理だとなれば姿勢だけ保持するか、それも無理となれば腰ベルトを上級生が持つ、などの措置が取られる。今日も案の定、途中からついていけなくなり姿勢を保持する。

それにしてもすごい汗の量だ。自分の手の汗でつるつるとすべる。髪からも汗がしたたり落ちている。シャワー浴びた意味ないじゃん、シャワーは点呼後に浴びさせてくれよ、と思いながら必死に耐える。同期は汗をかきすぎて、上級生から「誰かに水をかけられたのか」と本気で心配されていた。

◎十九時四十五～二十二時二十分　自習時間

基本的にこの時間は勉強時間となる。テレビはもとより存在しないが、スマホやゲーム、漫画などは禁止だ。まずは明日のフランス語の予習。勉強をしつつ、合間合間にこっそり上級生にバレないように清掃の申し送りノートや報告書の作成を行う。文化部の活動もこの時間帯なので、もう少し落ち着いたらいくつか見学に行ってみたいなと思う。

上級生になると、指導方針のミーティングや校友会の話し合いなどで席を離れることも多い。今日も部屋の上級生全員がいなくなる瞬間があった。同期と示し合わせてこっそりお菓子を食べる。食べ終わったところで上級生が戻ってきたので、ギリギリセーフだ。

◎二十二時三十分　消灯

自習時間が終わると、洗濯室に洗濯物の忘れ物がないかといった「消灯点検」を行い、寝る準備に入る。二十二時三十分、消灯ラッパが鳴り、学生舎中の電気が消える。勉強がしたいなどの理由があれば二十六時まで起きていることが可能だが、この人数確認は夜の点呼の際に行われるため、手を挙げるとせっかく着こなした作業着が崩れるという理由から、1学年はなかなか手を挙げることができない。

寝巻のTシャツに着替えると、まずは隣の部屋の対番の元へ向かう。今日あったこと、怒られたこと、心配していることを話す。「プレスがうまくできなくて……」「最初は難しいよね。明日やっているとこ見てあげる」。日中は怖い上級生も、この「対番教育」のときはとても優しい。三十分ほど話し、自室に戻る。

そっと細心の注意を払ってベッドに潜り込み、ようやく携帯をチェックする。光が漏れないように布団を被り、新着メールを開く。母からだ。「身体は大丈夫？　少しは慣れましたか？　無理しないでね。いつでも応援しています」。思わず泣きそうになりながら短い返事を送る。「大変だけど、なんとかやっています。ありがとう。また週末電話するね」。明日の朝の清掃の手順を思い浮かべながら、眠りにつく。

――おおよそ、こんな生活だ。男女で変わることはない。なお、その時々によって指導方針が変化するため、現在の生活とは少し違う部分もある。特に、現在は昔ほど指導が厳しくないという声は取材の中でよく聞いた。腕立て伏せの回数も減ったし、歯磨きができる時間もあると聞く。ただし「今の子たちはずいぶん私たちより楽をしている」というのは、いつの時代でも常套句であり、その時代にはその時代に応じた苦しさがあるのだろう。

人扱いされない1学年

防大では各学年にそれぞれ標語がある。1学年は「模倣実践」、2学年は「切磋琢磨」、3学年は「自主自律」、4学年は「率先垂範」というものだ。振り返っても、まさにこの通りの生活を送っている。ある者は、「1年のとき、上級生の言うことがよく分からなくて、自分の頭で考えて動いたら常に怒られた。同期に相談したら、『まず自分で考えるんじゃなく、言われた通りに動け。動いてみてそれでもよく分からなかったら、まずは私たちに聞け。自分の考えで動くのはそれからだ』と言われた。その通りにしたら怒られることが減った」と話す。この標語は社会でも通用するものだと思う。

また、表立って標榜されているものではないが、脈々と受け継がれているもう一つの学年別のステージを表す言葉がある。「4学年は神、3学年は人、2学年は奴隷（石ころという説も）、1学年はゴミ」というものだ。私にこれを教えてくれた2学年女子は嬉々として話していたが、「私らは人ですらないのか……」と愕然としたことを覚えている。

防大は、学生による「自主自律」が重んじられる。上級生が下級生を指導する形式となるため、上級生の力が極めて強い。1学年が「全く怒られない一日」というのは最初のうちはまずない。また、上級生にとっては指導することこそが「しなければならないこと」になる。「時間をつくる」ことが1学年の仕事で、上級生の仕事は「時間を奪う」ことにある。そのため、1学年とそれ以外では、日常で受けるプレッシャーが大きく異なる。

防大は約二割が途中で退校していくが、その約八割は1学年のうちにやめていく。なお、2学年も案外1学年の指導などで時間がなくなり、4学年は最上級生としていろいろ忙しいため、一番楽なのは3学年時であると言われている。「3学年ならもう一回やってもいい」とは時折聞かれる言葉だ。ただし、「3年のときは中だるみして学校をやめたくなった」と話す者もいるので、人の心は難しい。防大に入った1学年がまずこれまでの生活とのギャップを感じる点をまとめると、主に以下の四つだ。

①時間がない

紹介した通り、とにかくやるべきことが多い。頭の中で必要な時間を計算すると間に合わないこともよくある。結果、とにかく時間が足りない。が、やらなくてはならないのでやる。なぜかなんとかなる。時間が三分あると「まだ大分時間あるじゃないか！　あれもこれもできる！」と思うようになる。訓練では「集合時間に一秒遅れるごとに腕立て一回」と設定されることもあるが、三分遅れると腕立て百八十回。女子には絶望的な数字だ。いつでも時間に追われる生活は心身を蝕む。

②自由がない

また、時間だけでなく自由もない。常にやることがあり、上級生を含めた共同生活では、一人になれるのはトイレくらい。平日は外出できず、休日だからといって外出ができるわけでもない。外出をしたところで門限もある。学生はみな、しばしば防大を「小原台刑務所」と自虐する。外出すると「シャバは楽しい」と言い、誰かが逃げ出すことは「脱獄」ならぬ「脱柵」と呼称する。

③常にプレッシャーをかけられる

上述の通り、1学年は常に上級生に怒られ続ける。高校生までの間に、「一生懸命やっているのに怒られる」ことを経験している者は少ない。もし一般の会社で防大流の指導が行われれば、パワハラで一発アウト確定だ。ただ、女子十期までは暴力を振るわれることもあったというが、それ以降の期の女子では暴力を振るわれることはほぼなくなっただけ、時代の流れに感謝するべきかもしれない。

④理不尽なことが多い

怒られるのは、これはもう致し方のないことだ。が、中には怒られる立場からするとなかなか納得できないものもある。「朝と夜とで上級生の言ってることが違う」「上級生によって言ってることが違う」「どうしようもない状況下で怒られる」「自分のミスではないが、正確に『誰々がやりました』と言うと『同期を売るな』としばかれる」など、「いやいや、無理やんそれ」と言いたくなることがよく起きる。

例えば、1学年に対して制服のアイロン具合などを点検する「容儀点検」を先に述べたが、これを厳しく受けるのは1学年だけ。点検をする側である4学年は自分の服をプレスしておらず、「なぜ自分がきちんとしていない人間に評価されなければならないのか」という怒りを覚えたと振り返る者もいた。

私が実際に「理不尽な」と思った事例を紹介しよう。ある日、私が上級生に提出する報告書の締め切りに間に合わず、罰として腕立て伏せをすることになった。それだけなら（嫌だけど）よくあることなのだが、その上級生は廊下を見渡してたまたま目に入った私の同期を部屋に呼び込み、「おい、お前の同期が腕立てをする。同期だから連帯責任だ。お前は空気椅子をしながら腕立て伏せをしているこいつを応援しろ」と言い出した。無論冗談ではない。私の同期であることが咎（とが）とされたかわいそうな同期は、空気椅子の姿勢で腕を突き出し、苦悶の表情を浮かべながら、腕立て伏せをする私に「がんばれー！」と声援を送り続けた。私は「なんなんだこれは……」と泣きそうになりながら腕立てをした。

「どうしてこんなところに来てしまったのか」

着校してすぐ、幹部候補生としての教育が始まる。自衛隊員としての挙動から武器の知識、入校ほどなく銃を手に走り回ることになる。そして精神論。「お前たちは国のために命を捨てる存在だ」と言われ、訓練中には「水筒の水は部下への末期の水だ。飲んではいけない（時と場合に応じて飲むこともある）」と指導を受ける。

私自身、訓練のテストで「敵の歩哨（要するにスパイ）を見つけた場合、生きたまま捕獲するのが最も好ましいが逃げられそうな場合には刺殺、できなければ射殺する」との回答を書いたとき、ふと「なんかすっごいこと書いてんな」と思った。こうしたことはほかにもたくさんある。ふとしたときに自身の状況を客観視してしまうことで、「『なにやってんだろう、自分』と思った」と話してくれた女子はたくさんいた。

なお、体力的にもそれなりに厳しいものがあるが、そこはみな折り込み済みだったのか、ギャップとして体力面を挙げた者は取材の中ではあまりいなかった。

こうした理不尽とも思える環境で感じるギャップ、これらはいずれも、「明らかに間違っている」と一概に言えるものでもない。例えば普段から時間的・精神的に余裕のある生活を送っていれば、有事の際に動くことなんてできるわけがない。一度「一秒で戦闘機が何メートル進むと思っているんだ！」と怒鳴られたときは、確かにと膝を打った。

こういった生活をどう思っていたか、取材をしてみるとそこに大きな差があった。前提として多くは、「どうしてこんなところに来てしまったのか」と一度は考えるようだ。まだ携帯電話が普及していないころには、「校内の電話ボックスから泣きながら親に電話した」と話す者も複数いた。電話ボックスには同じように電話をかけたい学生が列をなしていたといい、普段は使えないとはいえ携帯が普及したことによって親にすぐに連絡がつくようになったのは、学生にとってはよいことなのだろう。

ただ多数派は実は、「しんどいのはしんどいけど、まぁ自衛隊だからこんなもんだろう」と割り切れるタイプであるようだ。詳しく見てみると、「想像通りだった」「入校前に地方協力本部の人が女子学生と話す機会をつくってくれたから大体分かっていた」「防大を舞台とした漫画を読んで心の準備をしてきたため、それほど大きなギャップはなかった」というような事前に情報収集をしてイメージを膨らませて来たタイプと、「最初はなんだこれはと驚いたけど、こんなものなのかと納得して過ごしていた」「意外とやればどうにかなるものだと思った」「元々順応するのが得意」「はじめは囚人のような気分になったけど、段々慣れていった」「はいはい言っておけば終わる」「これをすれば怒られるとか、ここまではセーフだとか、そういうことをゲーム感覚でやっていた」「理不尽な指導は理不尽すぎて笑えてきた」というような適応能力が高いタイプは少なくない。

もちろん、「つらかった」と話す者も多い。「ギャップしかなかった。同期がいなければすぐやめてた」「この秒刻みの生活が、この先永遠に続くような気がした」「初日から違和感があって、それが卒業まで続いた」「せめてお風呂やご飯くらいはもっと時間がほしかった」「どんなに幹部自衛官としてあるべき姿を説かれても、現実味がなかった」「自分は何をしているんだろうと思うようになった」等々。また、防大生はいうなれば全体的に男子小中学生的なノリに近いものがあり、「何か面白いことをする」ことがよく求められるが、「ギャグを何一つ面白いと思わなかった」と振り返る者もいた。

傾向としては、ネガティブな感想を寄せてくれた者は、その後、自衛隊を後にしている者が多い。自衛官を続けているからこそ、当時がつらくてもその思いを消化できた側面もあるだろうし、やはりやめた者は何かしら在学当時からの引っかかりを感じていた者が多いのだろう。

また、少数派ではあるが、「予想より楽だった」と話す者もいた。「卒業生である父親から話を聞いていたので。父親の時代より楽になっていると思う」「ずっと厳しい環境だと思っていたけど、オンとオフがあった」「思っていたよりずっと優しい人が多かった」など。いずれにせよ、事前に「厳しい環境だ」とある程度覚悟していた方が、入校後の精神衛生上はよいようだ。

【三本柱その1・教育／訓練】

防大には、教育方針の「三本柱」と呼ばれるものがある。それが「教育・訓練」「校友会」「学生舎」である。順を追って説明したい。

「防大出です」と自己紹介したとき、よく「訓練ばかりしてるんでしょ」と言われることがある。だが、それは間違ったイメージだ。防大は文科省の大学設置基準に準拠しており、先に述べた通り、他の一般大と似たような授業が大半を占める。卒業までに必要な単位数は一般大よりも多く、通常の大学では百二十四～百三十六単位程度が多いところ、防大では百五十二単位なければ卒業できない。現役防大生からは、「あまりに履修しなくてはならない授業が多すぎて、身が入っていない学生もいる」と言う声も挙がる。

私が卒業までに取得した単位は百六十二単位で、うち防衛学や統率といった防大ならではの単位はトータルで二十四単位だった。防大に聞いたところ、この防大独自の防衛学の二十四単位分だけ、一般大よりも単位数が多くなるという。なお、訓練は単位が設定されていない。

ただし、防大で綿密な単位計算をしている者はあまりいない。というのも、全員で行進して授業に向かうので、大学生にありがちな「寝坊した」「サボった」「出欠を取った後に出て行った」が起こらないからだ。頑張ればサボることもできなくはないが、もしサボったことがバレようものなら、数カ月の外出禁止など極めて重い処分が下される。またサボったところで、外出ができるわけでも、部屋で寝ていることもできない。結果、サボることによるリスクは高く、リターンも少ないため、ほとんど誰もあえてサボろうとはしないのだ。「出席日数が足りなくて留年」という事例は聞いたことがない。

その上で補足すると、「留年」自体は毎年一定数存在する。テストの成績が悪く単位が足りない、という理由がほとんどだが、ほかにも体力が基準よりかなり劣った者や、昨今防大が力を入れている英語の成績が極めて悪いことにより留年する者も極めて稀だが存在する。またこれも滅多にないが、就活をし、そのことを大っぴらにするなどあまりにも生活態度が悪いために留年をするケースもあった。

　留年は一度までしかできないという決まりがある。二度留年してしまうと退校処分だ。生活の全てが国費で賄われているのだから、それもやむを得ないだろう。そのため防大における最年長は「二浪＋一留」ということになる。私の時代には、彼らは「長老」と呼ばれることが多かった。

　留年するのは男子がほとんどで、女子で「留年しそうだと注意された」という者は取材の上でも何人かいたが、留年というのは聞いたことがない。元々頭がよく、真面目に勉強するタイプが多いことに加え、「女子は勉強ができる」という防大内でのパブリックイメージや、「女子は体力がない分、勉強くらいはできないと」という意識も影響しているように感じられる。

防大の教官も「自衛隊員」

　さて、授業内容に話を戻すと、防大独自の防衛学は自衛官が、それ以外の授業は博士の学位を有する一般大卒の教官が担当することがほとんどだ。防大で教鞭を執る一般大卒の教官方もみな「自衛隊員」に当たる。

防衛学を除けば特に自衛隊色のない授業が、優れた教官陣によって展開される。この授業には、かなりの少人数で授業が受けられるという利点がある。学科が決まっていない1学年のときは複数班合同による授業も多いが、2学年以降はそれぞれの学科の授業が主体となるため、教官とかなり近い距離で授業が受けられるのだ。

ただし残念なことに、素晴らしい授業が展開される一方、在校中はどうしても学生舎での生活にエネルギーを吸い取られる結果、三本柱と言いながら授業に重きを置かない（置けない）傾向がある。卒業してから「あの先生、すごかったんだ……」と思うことも多い。

加えて、授業中に眠っている学生は本当に多い。「もっと真面目に授業を受ければよかった」との後悔の念、「もっと勉強したかったのにできる環境ではなかった」という声は取材中にも多数聞かれた。ただ、「誘惑が少ないので勉強に打ち込めた」「自分の興味の幅を広げられた」という者もおり、強固な意志をもって勉強したいと思えば、それなりには勉学ができる環境でもある。

優秀な学生は、海外の士官候補生学校への留学機会も与えられる。アメリカ、韓国、フランス、中国、ブラジルなどの国々に、一週間〜一年程度と期間の長短はあるが、毎年約四十名が派遣されている。

加えて、諸外国の士官候補生を招き、「国際士官候補生会議（International Cadets' Conference、通称ＩＣＣ）」という会議も開催される。アメリカやイギリス、中国やタイといった国々の士官候補生と共に、国際情勢や安全保障に関して討論する貴重な機会だ。使用言語は英語。国際的な視野が広がる一週間となる。

惜しむらくは、防大生の英語力がそこまで高くないことだ。ＴＯＥＩＣの受験が全学生に課せられているなど学校側が英語教育に力を入れたい意図は分かるが、学生はとても望ましいレベルには至っていない。結果、ＩＣＣもごく一部の学生にとってのみ有意義な機会となってしまっている現状がある。

汚い東京湾で毎日水泳訓練

防大、と聞いてイメージしがちな訓練の授業は、実は日常的には週に一回、二時間程度しかない。それに加えて春、夏、冬（1学年のみ秋も）にまとまった訓練期間がある。特に夏は約一カ月間、訓練のみを行う。トータルすると四年間で一千時間ほどになる。

2学年進級時に陸海空、どこの要員になるかが決まり、それ以降は各要員ごとの訓練となるので、防大生全員が共通して受ける大きな訓練と言えば1学年の「遠泳」「北富士・東富士演習場での秋季訓練」、2学年の「カッター」「富士登山」、3学年の「断郊」「スキー訓練」「硫黄島研修」、4学年の「持続走」くらいだ。

1学年の遠泳は東京湾を八キロ、四時間超をかけて泳ぐ。元は水泳が得意でなかった学生も、防大では気が付けば泳げるようになっているので、誰にとっても本番がめちゃくちゃキツいというわけではない。特に海は浮力が得られる上、波によって勝手に身体が進むので、波のないプールでの練習の方がキツいという声が多い。

本番には休憩時間もあり、船の上から乾パンが投げられる。それをキャッチして食べるので、「私は鯉か」と心の中で思った記憶がある。が、海水につかり塩気を増した乾パンは思いの外美味しかった。

海で嫌なこと、それはまず汚さだ。東京湾の水はめちゃくちゃ汚い。夏季訓練期間中は毎日のように水泳の訓練があるが、1学年は毎日洗濯機を回せない（物理的に時間がないのと、洗濯機の使用も上級生が優先される）ため、入浴の際に併せて浴場で洗うことになる。水着を洗った水は緑色になり、「こんな中で毎日泳いでいるのか……」とげんなりさせられる。

加えて女子には、日焼けという大敵もある。ずっと水中にいるので、日焼け止めは意味をなさない。しかも水着の背中部分がなぜか丸く空いているので、世にも不思議な日焼け跡となる。また、ゴーグルを着用しているとゴーグル型の跡もつく。泳法は平泳ぎだが、なまじ泳げる者ほど顔を上げて泳いだりするので焼ける。夏季定期訓練が終わるとすぐに夏季休暇に入るので、パンダ目のまま帰省する学生も多い。

また、遠泳は隊列を組み、乱さないように泳ぐ。すなわち、前にも後ろにも横にも一定間隔で女子の隣に男子がいる状態だ。ほとんどの高校では水泳の授業が男女別に行われることもあり、「スクール水着で平泳ぎをしている自分のすぐ近くに男子がいるのが嫌だった。本番ではずっと後ろの男子の手が足に当たってイライラした」と振り返る女子もいた。ただし男子の方でも、「泳ぎ方を教えるときに触らなくちゃ教えられないけど、触っていいのかとか悩むし、そんなことを聞いたらかえって気持ち悪いと思われないかとか、めっちゃ悩んだ」という意見もあった。

いろんな意味で、女子に厳しい側面のある訓練だ。ただ、「溺れかけたとき、教官が『待ってろ、今助けるからな』と飛び込んできてくれたときは危うく惚れかけた」と振り返る女子がいるなど、どんな局面でも楽しさを見出すことは生活を乗り切る秘訣となる。

2学年になると、それぞれの志望と適性に合わせ、要員ごとの訓練が始まる。ただし春の時点では、要員としての訓練よりも中隊として行う「カッター訓練」の方がよっぽど厳しく、印象に残るものになる。

カッターとはそもそも旧日本軍の戦艦に艦載されていた救命艦だ。全長約九メートルで、艇長と呼ばれる者が舵を取り、艇指揮と呼ばれる者がかける号令に合わせ、十二名の漕ぎ手がそれぞれオールを操作する。全身を使って漕ぐので、全身の筋肉痛はもちろん、手の皮、お尻の皮がむける。

小型の手漕ぎボートであるカッターの訓練が、上級生になるための最後の試練だ。ここを乗り切れば、上級生から怒鳴られ続ける存在が1学年に移り、加えて女子は髪を伸ばすことが許される。心の中でカウントダウンを始めた2学年を前に、上級生も腕によりをかけて指導する。一年をかけて防大の生活に慣れてきた者でも、心身共に追い詰められるのがこのカッター訓練期間となる。上級生からの苛烈な指導、身体的にキツい訓練に加え、何も知らない1学年への指導や、1学年がミスをした際の連帯責任などが一気にのしかかってくるこの期間に、もう限界だと防大を離れる者すらいる。この期間を終えれば、退校者はぐっと少なくなる。

なお、カッターは乗れる人数が限られているため、乗れなかった者は陸上でのトレーニング部隊（陸トレ）に回される。

カッター本番は中隊ごとの対抗レースで、全学生を挙げての盛り上がりとなり、終わった後の2学年はやりきった充実感と、ようやく上級生になれるという喜びに満ち溢れる。

ひたすら匍匐前進の陸、お茶を飲む余裕のある空

カッターが終われば後はスキー訓練を除き、基本的に要員ごとに訓練が行われる。それぞれの訓練としては、陸は戦闘訓練や野戦築城に各種武器、海はカッターや機動艇、信号通信や海自法規、空は航空作戦や基礎警備、グライダーといった訓練などがある。陸は何よりも体力が求められ、海や空では頭が求められる。4学年時には、1学年への教育法を考え、実践するという訓練も加わる。

卒業後の進路を決めることになる要員の決定は、防大生同士でも大きな運命の分かれ道となる。学生からの人気は圧倒的に空で、次いで海、陸の順になる。陸に行きたいと志望して叶えられないことは少ないが、空に行きたいと志望して叶えられないことは多い。希望が叶わず、退校を選ぶ者もまれに存在する。航空が人気なのは、元々の空への憧れに加

え、入校して陸と空の訓練の違いをまざまざと見せつけられることにもある。とにかく、必要となる体力がまるで違うのだ。陸は顔にドーランを塗り、銃を手にひたすら匍匐前進やランニングをしている。のちに詳しく触れるが、女子の陸上要員にとって、この「体力勝負」は大きなハードルとなる。男女の体力差が如実に出てしまうからだ。

海は陸よりは体力は必要ないが、舟を漕いだり国際法を覚えたり、何より船での生活が待っている。かたや空は座学が中心で、陸が走り回っている間に訓練を終えて自室でお茶を飲む余裕すらある。もちろん、要員ごとにバランスを考えなければならないので、優秀な者は必ず航空に行ける、というわけでもない。人気ゆえに、「航空バカ枠」なる不名誉な称号すらある。

女子の多くは、陸上要員の上級生の姿を見て「なんてしんどそうなんだ」と恐怖に震える。特に体力のない女子にはその傾向が顕著で、「陸じゃなければなんでもいい」と言う者も多い。このような状況下で、陸上要員が航空要員を嫌いになるのは必然とも言える。「なんで同じ給料でこんなにしんどさに差があるんだよ」との不満が思わず口をついて出る。私は陸上要員だったため、やはりこの気持ちは抱いていた。

4学年の夏の訓練において、陸上では「百一キロ行軍」という、三日間夜道を歩いて四日目の朝に敵陣地に突撃するという訓練があるのだが、四年間で最も厳しい訓練のため、これが近付くと女子は総じてブルーになる。そんな中、航空の同期が「なぁなぁ、訓練に持っていく用の私服買ったー？　私先週末買ったー！　外出が楽しみ！」とウキウキで話しかけてきて、陸上の女子からのひんしゅくを買ったほどだ。

4学年ともなると、名札がなくてもどこの要員に所属しているか、雰囲気だけでなんとなく分かるようになる。陸上要員は熱く泥臭い、海上要員はスマートで変わり者、航空要員はカッコよくてチャラい。ちなみに自衛隊全体に昔から言われている標語がある。陸上自衛隊は「用意周到・動脈硬化」、海上自衛隊は「伝統墨守・唯我独尊」、航空自衛隊は「勇猛果敢・支離滅裂」というものである。私自身は陸上要員で、誇りも持っていたが、「航空っぽいね」と言われると少し喜びを感じた。

硫黄島研修で不思議な経験も

その他印象的な訓練を挙げよう。2学年時にはどの要員であっても富士山に登る。五合目から登るのだが、大体行き四時間、帰り二時間の行程だ。それまでに高地で練習を重ねているといったこともないので、班のうち何人かは高山病にかかる。迷彩服を着た集団が隊列を組んで歩いているものだから、かなり目立つ。

新潟県の妙高高原で行われる3学年のスキー訓練は、「防大で最も楽しい訓練」と言われている。このときは迷彩服ではなく、自前か学校のスキーウェアかを選ぶことができるので、そこまで目立つこともない。ご飯も美味しい。

チーム編成は男女混合、自主申告制でスキーがうまい者順だ。ここにおいては北海道をはじめ、雪国出身者はやはり強い。私はそれまで一度もスキーをしたことがなかったため、一番下の班でスタートした。初日から早速リフトに搭乗。これもやはり訓練が終わる頃にはみな滑れるようになるのだが、「全くの初心者チーム」では伸び代が人によって異なるため、そこまで伸び率のよくなかった私はやや苦労することになった。

この訓練の大半は普通のスキーだが、「自衛隊スキー」なるものも経験する。自衛隊スキーとは滑るというより登ったり走ったりすることを主眼に置いており、かなり滑りにくい。曲がろうにも曲がりきれず、あちらこちらで転倒している学生の姿を見ることができる。雪が多い場所にある駐屯地ではもれなくスキー訓練があるため、「北海道の駐屯地は行きたくない……」と思った瞬間だった。ただ北海道には駐屯地の数も多く、歳をとってから行く方がつらいということで、「行くなら若いうちに北海道へ」と言う者もかなりいた。

防大だからこそ可能な研修と言えば、一九八三年から始まった3学年時の「硫黄島研修」だ。硫黄島といえば、言わずと知れた第二次世界大戦末期における激戦の地だ。島の象徴とも言える摺鉢山は爆撃によりその約四分の一が飛散したというほど苛烈な戦闘が繰り広げられ、日本兵のほとんどが戦死し、アメリカ軍もまた多大な損害を受けた。現在では海自・空自の基地が置かれているだけで一般人が立ち入ることは許されていない。小話として、「借金を抱えた隊員を硫黄島に送る。お金の使い道がないし、取り立てが絶対に来られないから」という話もあるくらいだ。とにかく、当地に足を踏み入れるのは相当貴重な機会となる。

硫黄島は暑い。日本本土から約一千二百キロ南に離れており、研修は十二月だが、日中の気温は三十度近くになることもある。暑さのため喉が渇くが、研修初日、最後の目標地点である摺鉢山山頂にある日本軍戦没者顕彰碑に到着するまで、私の班では水を飲むことが禁じられた。常に水不足に悩まされ、僅かな水を求めて命を落としていった先人たちを思うと、むやみに水を口にすることなどできないというものだ。顕彰碑を始め、至るところで先人たちへの献水を行った。

硫黄島研修に当たっては、ほかにもいくつかの禁則事項があった。ピースサインをしない（当時はアメリカ人のジェスチャーだったから）、島から何も持ち帰らない、など。いわく、「硫黄島から石ひとつでも持ち帰るとよくないこと（体調不良）が起こる」というのである。着用している半長靴（はんちょうか）の裏にはいくつもの溝があり、歩いていればそこに小石が挟まるものだが、帰る前には徹底的に掃除をすることになる。また、旧日本軍兵士の亡霊を見るなど、不思議な体験をする者も少なくない。私自身もカメラが不可解な壊れ方をした経験を持つ。

【三本柱その2・校友会】

校友会活動、要するに部活動は学生に義務付けられているものの一つだ。防大の設立当初から、アメリカのウエストポイント陸軍士官学校やアナポリス海軍兵学校にならい、学生の自主的なクラブ活動が重要な教育方針の一つとされてきた。『防衛大学校五十年史』によると、校友会は「自主的に品性の陶冶（とうや）と知力、体力の増進を図りつつ、互いに上級下級の区別なく友情を培うことが期待された」という。

体力錬成のため、1学年時は必ず体育会系の校友会に所属しなければならないという暗黙の決まりがある。大抵のメジャーどころの部活は防大にも存在するほか、珍しいところでは儀仗隊や短艇委員会、銃剣道、パラシュートなどが挙げられる。また、吹奏楽部は本来、文化部ではあるが、パレードの際に必要となるため、例外的に体育会系として扱われている。運動が苦手な女子は吹奏楽部に入る傾向があるが、私の在校中、体力検定で先輩後輩合わせて唯一最上位の特級を取ったのもまた吹奏楽部の女子だった。

ここでは学生舎ほど厳しい上下関係はないので、多くの人間にとって授業と並んで息抜きの場になる。アメフトや短艇委員会などはシーズンに入ると練習漬けで数カ月外出禁止になるが、彼らは「嫌だ嫌だ」と言いながら存外楽しそうな顔をしていた。おそらくマゾなのだろう。ちなみに短艇委員会とは、先に紹介したカッターの部活だ。キツいと言われる部活のうちでは、私の知る限り少林寺拳法部にのみ女子学生がいた。

ただ意外かもしれないが、短艇などの一部校友会を除き、防大はあまり部活としては強くない。防大では練習時間が限られてしまうという揺るがせない事実がある。どれだけ頑張っても、防大ではみなで練習できるのは一日三時間がいいところ。スケジュールがびっちり定まっているので、朝練や昼練もできない。訓練期間に入ると丸一日訓練しかしないため、夏季訓練時などは丸一カ月、校友会活動ができない。食べることが仕事でもあるアメフト部の男子などは、訓練に入る度「痩せてしまう……」と嘆いていた。

取材の中でも何人か触れていたが、防大は「校友会至上主義」の側面がある。勉強ができなくても、いささか学生舎をおろそかにしても、校友会を頑張っていれば許されてしまう風潮だ。そのことに触れた何人かはこのことを否定的に見ていた。「学生なのだからもっと勉強をすべきで、それが評価されるべきだ」という意見だ。

また、その風潮の中では必然的に、部活をしていない者への当たりはキツくなる。1学年時は部活が義務だと書いたが、もちろん合う合わないはあるのでやめることができる。その多くは転部という形で他に移るが、一部もう校友会に所属しない者も出てくる。彼らは「ノンポリ」と呼ばれ、「楽をしている」と一段下に見られることになる。「ノンポリ」とは元々、政治的な学生運動に関与しない学生を指す言葉であったのが、なぜ防大では校友会に所属しない学生を指すようになったのかは分からない。

また、校友会内での温度差も時に苦痛を招くようだ。普通の大学であれば、レベルが高く熱意のある者は部活、そうでなければサークル、などの棲み分けができるが、全員が部活に入らなくてはいけない防大ではそうはいかない。

特に女子はそもそも人数が少ないため、部活内で分かれて活動するということも難しい。防大でつらかったこととしてその点を挙げる者もいた。いわく、「私は本気でやりたいのに、どれだけ頑張ってもついてきてくれなかった」や、またその反対に「初心者で入ってそんなにやる気も出ないのに、『頑張ろう』と言われるのがつらかった」など。

また、体育会系のみならず文化系の部活も存在する。基本的には体育会系と掛け持ちすることになる。活動時間は夜の自習時間中だ。活動が盛んな文化部としては、社交ダンスを行うアカシア会、茶道部などがある。その他、女子だけで構成される紅太鼓同好会や、防大らしい防衛学研究同好会などもある。

【三本柱その3・学生舎】

三本柱の最後の一つが、学生舎だ。入校したての防大生にとって、ストレスの原因の大半を学生舎が占める。ただでさえ他人との共同生活に気を遣うというのに、上下関係が極めて厳しい中での学年混合部屋なのだから、気疲れしない方がおかしい。上級生に気を遣い、ゴミ捨てやポットのお湯替えといった雑事全般を担当し、ささいなことで怒鳴られる。一人になれるのはトイレくらいのもので、プライバシーなどあるはずもない。

もちろん、ただキツいだけではない。上級生に教わることはかなりたくさんある。幹部候補生としてだけでなく人間としても、上級生と共にいることでより成長が促される。オンとオフを大事にする環境でもあるので、最初は怖いだけだった上級生も、「そんな人だったんだ」と思える瞬間も存在する。時と場合にはよるが「全力でふざける」ことに熱量を注ぐ人も多く、そのギャップに驚いたり魅了されたりすることもある。

ここで、学生舎生活を充実させる各種イベントをいくつか紹介したい。一番大きなものでは「開校記念祭」と呼ばれる、いわゆる学祭がある。防大が唯一、一般の人を広く受け入れる日だ。大隊ごとに屋台を出すほか、出し物や演劇なども行われる。防大ならではの特徴として棒倒しやパレードもあり、一大イベントだ。

その他、十一月二十三日前後の「勤労感謝の日」や、十二月に行われる「百日祭」なども人気だ。勤労感謝の日には、上級生と下級生の立場が入れ替わる。日頃虐げられている恨みを晴らすべく張り切るが、敵もさるもの、なかなか一筋縄ではいかない。あれやこれやと手を使って最上級生であるはずの1学年を困らせるから面白い。

百日祭とは、4学年の卒業百日前を目安に行われる大隊ごとの小さなパーティーで、3学年を主体とした下級生が企画をし、楽しいひと時が繰り広げられる。ここではミスコン・ミスターコンも実施される。当時は何の違和感もなかったが、男子は百数十人いるのでまぁいいとして、十人かそこらしかいない女子の中で「一番かわいい女子」を決めるというのは、今考えるとややいかがなものかと思う（三位まで選出されるため、さすがに女子が四人しかいない大隊では中止されたようだが）。

希望者のみが参加するものとしては、靖國行進や大隊スキーがある。

靖國行進とは、夕方に学校を出発し、夜通し歩いて靖國神社まで向かうという行事だ。4学年と1学年が主に参加する。行軍と違って服装はジャージ、持ち物も特に必要ないため、百一キロをフル武装で歩く4学年陸上要員にとってはさしてしんどいものではないが、1学年にとっては疲労と眠気に襲われ、上級生のすごさを認識する機会となる。また、靖國神社では制服に着替え、参拝を行う。それまでのおちゃらけた雰囲気とは一転、国のために闘った先人たちを偲ぶ。周囲の目もあり、「われわれは防大生なんだ」との認識を新たにする一幕となる。

大隊スキーは数少ない完全なレクリエーションだ。4学年が企画してバスを借り切り、スキー場へ向かう。2学年以上はスキー訓練を経験しているため誰でも滑れるというのが強みとなる。夜には旅館で宴会が発生。日頃喋らない上級生や下級生との仲を深めるチャンスにもなる。

門限あり、1年は制服外出のみの「休日」

防大生が心待ちにするもの、それが休日だ。1学年時は休日を心の支えに平日を乗り切るといってもなんら過言ではない。誰かが落ち込んでいると、「まぁまぁ、休日に美味しいものでも食べに行こうや」と誰かが声をかけてくれる。

ただ、1学年時は休日でも私服外出、宿泊、飲酒は許されない。制服の場合はある程度混んでいたら電車に座ってはいけない、自販機はダメ、買い食いもダメ、そして常に誰かから見られている。防大のある横須賀中央ではみな慣れすぎて視線を感じることはあまりないが、横浜、東京寄りになるとものすごく視線を集めることになる。特に女子ならなおさらだ。ちなみに、冬の制服は駅員に間違われて質問を受けることが多い。

門限もあるので、1学年のうちは横須賀中央に留まることが多い。そして2学年になって横浜、東京に繰り出すのだ。ただ、上級生であっても門限が延びるわけではないので、東京にいると早々に帰り支度をしなくてはならない。その理由から、4学年では「ギリギリまで飲んでいられる」とまた横須賀中央に回帰する現象が多く見られる。大体みな、横須賀に行きつけの店があるはずだ。

横須賀は米軍基地もあり異国情緒もふいに感じられる、とても面白い街だった。着校日前日に降り立った際には駅前に外国人しかおらず仰天したが、今でも足を踏み入れると胸を鷲づかみにされるような気持ちに襲われる。ちなみに、防大の学生証があれば米軍基地に入ることもできる。防大生が一人いれば知人を招き入れることもできるため、親や地元の友人を連れていったこともある。中は一つの街と化していて、「日本の中にアメリカがある」と驚いたものだ。

また、1学年時は上級生から「○○に行ってこい」と指示される、いわゆる「指令外出」が下されることもある。私自身はなかったが、「ディズニーランドに行ってこい」と言われた同期に付き合って行ったことがある。勿論制服でだ。私たちは夢の国を満喫したが、私たちの後ろに並んでいたチビっ子の夢を壊してはいないかと少し不安にもなった。

ある男子は「山下公園で女の子に声をかけてこい」と言われたり、「遠いところに行ってこい」という指令を受けて日帰りで沖縄に行った者もいた。「沖縄で四時間遊べたわ！」とからからと笑うその男子は、そのおかげで上級生から目をかけられ、一週間、容儀点検免除になったという。

さて、休日の楽しみのメインはなんといってもまずは「食」である。先にも述べたが防大のご飯はまずい。また1学年時はゆっくり味わっている暇もない。そのため、「大戸屋の定食に泣きそうになった」という者もいるくらい、外でのご飯が美味しく感じられる。お酒を飲むことはない1学年だが、休日のエンゲル係数はかなり高めだろう。

金曜の夜からうきうきし始める1学年だが、日曜の夕方になると途端にその表情は暗くなる。ある者は「それまですごく楽しかったのに、坂を登り防大の門が見えてくると急に胃が痛くなった」と話す。あるとき、横須賀から防大行きのバスに乗ると、乗り合わせた同期の女子がハラハラと涙を流していた。どうしたのかと聞くと、「スーパーに私と同じ出身地の茄子があった。この茄子も私と同じところから出てきて今ここにいるんだと思うと涙が出てきた」と答えた。彼女は今もかなり優秀な幹部自衛官だ。日曜夕方になると気分がひどく落ち込むこの現象に「サザエさん症候群」なる名称がついていることも、防大で初めて知った。

2学年になると、私服外出、宿泊が許可される。私服外出がOKといっても、防大で私服を着るわけではなく、防大の近くに下宿を借りてそこで着替えることになる。下宿は代々上級生から受け継がれることが多い。私の下宿は十三人で借りていたが、それぞれ校友会が違うので、互いに会うことは想像以上に少なかった。カッター期間が終わり、初めて私服を着て外出をしたときの解放感は凄まじいものがある。人から見られない！　食べ歩きができる！　お酒が飲める！　と休日をこれでもかと満喫する。1学年のころはおしゃれのしようもなかったが、2学年になると休日には伸ばした髪をおろして化粧をする者も多く、パッと見では普通の女子大生と遜色のない雰囲気をまとう。私も街で同期に声をかけたところ、一瞬誰だか気付いてもらえなかったこともある。

ところで、防大生の飲み方は総じて荒い。飲んで潰れてもそれもまたOKという風潮があり、土日の夜の校門には、泥酔した上級生を運ぶためのリヤカー部隊が待機していることもある。時代の流れで、今は「飲み会に来ない学生もいるし、来ても目上の人と話すのではなく同期だけでつるんでいる奴が多すぎる」と不満をこぼす者もいる。

宿泊は年間で回数の限度が決められていて、2学年は十一回、3学年は十六回、4学年は二十一回となる。長期休暇はこれにカウントされない。宿泊を申請すれば、基本的には校内にいることは許されない。それでもたまにこっそり帰ってくる者はいるが、「やった！今日は上級生誰もいないぞ！」と喜ぶ下級生に水を差すことにもなるため、なるべく外に出るのも上級生の役目だ。ちなみに、外出せずに一日を校内で過ごすことを「腐る」といい、字面通りあまりいいこととしては捉えられない。

長期休暇は春季休暇、夏季休暇、冬季休暇がある。春と冬の休みが約十日間、夏季休暇が約一カ月と普通の大学よりはかなり短い。加えて一番長い夏季休暇のうち、一～二週間は校友会の合宿に当てられる。そのため、地元に帰っても友人たちと休みが合わないという悲しい事態もしばしば起こる。「夏休みだね！　遊ぼう！」「ごめん、もう学校始まってる……」という会話は一度や二度ではない。

防大生に歌い継がれる「逍遥歌」

防大には、かなりの数の競技会が存在する。1学年の隊歌コンクール、2学年のカッター競技会、3学年の断郊競技会、4学年の持続走、また全学年共通として水泳競技会、棒倒しと、シーズンごと、常になんらかの競技会があるような感じだ。部隊に行ってからも競技会は多い。これは体力錬成、練度の向上、団結意識の強化といった効果があるが、それに加えてモチベーションの維持もあるだろう。

この競技会は、やはり大いに盛り上がる。中には女子が活躍できないものもあるが、それでも防大時代に一番楽しかったこととして競技会を挙げる者もいる。「みんなで目標に向かって努力して……それだけでも楽しかったし、優勝したときは最高だった。今でも楽しかったなと思い出す」と話す。

この中で最も小規模なのが隊歌コンクールだ。これは要するに、軍歌の合唱コンクールで、大隊対抗ではなく大隊ごとに実施される中での小隊対抗、身体を動かすわけでも声援を送れるわけでもないので、どうしても盛り上がりに欠ける。人気の軍歌は「同期の桜」「抜刀隊」「出征兵士を送る歌」「軍艦マーチ」など。私の小隊は「抜刀隊」に加え、防大4期がつくり、歌い継がれている「逍遥歌」を歌った。この「逍遥歌」は四番まであり、それぞれ1～4学年を表している。防大同窓生の集まりでは決まって最後に肩を組んでこの逍遥歌を歌う。何期生であっても「防大生」に戻る瞬間だ。

さて、この「逍遥歌」自体は格調高い名曲だと思うのだが、これには「前口上」と呼ばれる文句が存在する

古き名門に生まれし乙女に恋するを　誠の恋といい
巷の陋屋(ろうおく)に生まれし乙女に恋するを　誠の恋でないと誰が言えようか
雨降らば雨降るとき　風吹かば風吹くとき　コツコツと響く足音
嗚呼あれは　防衛大学の　学生さんではないかと言うも客の手前

あまた男に汚されし唇に　今宵またルージュの紅を塗り　誰をか待たむ巷の女
酒は飲むべし百薬の長　女買うべし　これまた人生無上の快楽
酔うて伏す胡蝶美人ひざ枕　明けて醒むれば昨夜の未練さらさらなし
たたく電鍵握る操舵機　はたまたあがるアンカーの響き
船は出て行くポンドは暮れる　われは海の子かもめ鳥
小雨降る春の小原に　木枯らし吹きすさぶ冬の波間に
歌は悲しき時の母　苦しき時の友なれば
我らここにある限り　小原の丘にある限り
絶ゆることとなき青春の歌　いざや歌わん

防衛大学校逍遥の歌

なんとも時代がかったものである。

その他の学年別大隊対抗競技会として2学年に先に述べたカッター、3学年に断郊、4学年に持続走というものがある。カッターは四月末、断郊と持続走は同日の三月上旬ごろに行われる。4学年にとっては、持続走が終われば卒業に向け一直線となる。断郊とは、八名で一組のチームをつくり、作業服に半長靴、背のう、水筒など約十キロの装備を身につけ、高低差約五十メートル、距離七キロのコースを走るものだ。単なるマラソンではなく荷物もあり、チームで走るので、体力のある男子たちはいいが体力のない女子を加えて優勝するためにはどういったチーム編成にするか、女子の荷物を途中で男子が持つか、いっそ坂は走らない方が体力温存ができてよいのではないかといった作戦が必要になる。

それに比べ持続走競技はいわゆる駅伝で、五人一組のチームで一人五・七キロのコースを走り、タイムを競うというシンプルな仕組みになっている。これは断郊と異なり全てのコースが校内なので、走っている最中の応援がものすごい。私自身どこを走っていても応援の声が聞こえ、声の方を見ると確かにこれまでの生活で関わってきた人たちがいる。私の四年間はこのためにあったのかと思うほど、幸せな瞬間でもあった。

ちなみに断郊、持続走の後には「歓送会」と呼ばれる4学年生に向けての行事が行われる。部屋の1学年が4学年に着て欲しい仮装の衣装を作製し、その衣装を着た4学年が食堂内を闊歩（かっぽ）し、みなでこれまでの労をねぎらうのだ。仮装のクオリティには大分開きがあり、クオリティの高いものはいつそんなものつくる余裕があったんだ、そんな大きいものどうやって保管していたんだなどと思うほどよくできている。また、毎年男子学生による女装も必ずあるが、大体足が引き締まっていて、思ったより綺麗だと少し悔しくもなるほどだ。

旧日本軍から続く伝統行事「棒倒し」

競技会に話を戻すと、全員参加ではないが熱狂的な盛り上がりを見せるものがある。それが「棒倒し」だ。棒倒しは十一月第二週の土日に開催される開校祭において行われる、旧日本軍から続く伝統行事である。ルールは簡単。相手チームの陣地に立っている棒を相手より早く倒す、というものだ。近年は毎年のように報道番組で特集が組まれており、目にする機会があるかもしれない。

一見シンプルなようでいて、これには高度な作戦が必要となる。どのように攻めるのか、どのように守るのか、誰をどこに配置するのか等々。各大隊の「棒倒し総長」の指揮下で、毎日綿密な訓練が繰り広げられる。攻めと守りは荒々しく取っ組み合うことになるため、毎年この時期になると怪我人が増える。練習で捻挫や骨折をして松葉杖姿の学生を見ると、「あぁ秋だな」と思う。またこれは学年が全く関係ないので、1学年の中には「日頃の恨みを晴らすチャンス」と殊更張り切る者も出てくる。

そんな熱い棒倒しだが、女子は選手として参加することができない。女子が参加するには男子との体力差がありすぎて危険なためだ。毎年、「女子をチームに入れれば相手チームが触れないからいいんじゃないか」という話が冗談として出てくるほどである。ただ、「参加したい」という声も聞いたことがない。

女子が棒倒しに参加できるのは「安全」と「偵察」のみ。「安全」は自チームの怪我人の確認や、眼鏡といった壊れやすいものを預かる係で、「偵察」は敵チームの練習風景を観察してその結果をチームに告げる係だ。それでも、本番はみなで大いに盛り上がる。それでいいと思う。

各種競技会では、大隊ごとののぼりを立て、競技者を全力で応援する。勝てば抱き合って喜ぶ者もいれば、涙を流す者までいる。優勝したときに掛け声を上げながら校内を練り歩くのも楽しい。「青春」を感じる一コマだ。手に入るのは「優勝大隊」としての名誉と看板。加えて時に指導教官の計らいにより、しばらくの間、日朝点呼免除（ラッパで起きることは起きる）と言われるとその喜びがさらに増す。

「世の中には三種類の性別がある。男子、女子、防大女子だ」

これまで一通り、防大での生活について説明してきたが、男子と女子で違うところはほとんどない。授業内容はもちろん同じで、一般的にもよく聞く話だが、総じて女子の方が真面目なため、学科の成績は女子の方が高くなりがちだ。「女子は学力的にも精神的にも優秀だ」とは多くの指導教官が認めるところになる。また、訓練内容も全くの同一。女子だから走る距離が短いとか、腕立て伏せの回数が少ないことにはならない。

加えて女子特有の「装いに時間をかける」こともない。制服があるので服装に悩んだり、基本的に常にすっぴんなのでメイクに時間がかかることもない。明確に化粧を禁止されているわけではないが、もし平日に化粧をしようものなら、女子よりも男子から「あいつ何のために化粧してんの。ここをどこだと思ってんの」と言われることになる。

防大はいわゆる「一目で分かる女性らしさ」が歓迎される場所ではない。ただし「女子」としての自分をいやがおうでもかなり感じさせられることにはなる。現代の日本において、高校までの期間に男女差を意識することは少なくなっていると思う。防大に入校を決めるくらいだから、それなりに気が強く、意識せずとも男子と肩を並べていた女子も多い。だからこそ、「女子」として意識せざるを得ないことに当惑する者もいる。

まず大抵の女子は、入校して間もなく上級生から振る舞いについてのいくつかの忠告を受けることになる。「女子は数が少なくて目立つから気を付けろ」「誰か一人がミスをすると『これだから女は』と一括りにされる」「女だからって人前で涙を見せるな」「はじめはつい上級生がかっこよく見えるかもしれないが、恋愛は慎重に」……等々。「女だからといって、女であることに甘えるな」といった言説が中心だ。

取材を進めると、「私の時代は4大隊がきつかった」「2大隊がきつすぎて、3大隊に移ったら上級生が天使かと思った」など、その時々によって大隊の雰囲気も変わっているようだ。「女だからといって甘えるな」という意識の強い女子学生が最上級生にいると、「女子は女子で律する」風潮が強くなる傾向がある。

また、たとえ女子の中で体力がある方であっても、同じ内容の訓練・体力錬成をこなすのだから、どうしてもそこで男子との差を歴然と感じることになる。入校当初は同じくらい、もしくは自分より劣る運動レベルだった男子も、あっという間にほとんどの女子を追い越していく。女子学生自身はあまり使わないが、男子学生の多くは女子学生を「女学(じょがく)」と呼び、一定数の男子学生は、自分より体力が劣る女子学生を一段下に位置付けるようにもなる。

ある者は、「絶対女子の方が努力しているし、体力がない分、男子よりもつらい。それなのに単に体力があるからってだけの理由で偉そうにされるのがすごく腹立つ。でも体力がないのは分かってるから言い返すこともできなくて、そんな自分がすごく悔しかった」と涙をこぼしたという。

防大時代、女子がかけられる言葉がある。「世の中には三種類の性別がある。男子、女子、防大の女子学生だ」。いつから言われ出したのかは定かではないが、脈々と受け継がれているようだ。決して「女」とは認められず、かといって「男」にもなれない女子学生のありようを表現している言葉だと思う。これは防大女子を成長させるが、一方で苦しめることにもなることを、第三章で詳しく述べたい。

第三章　「防大女子」の青春と苦悩

陸自要員の訓練は厳しい（筆者提供）

「目指すべき学生のあり方」とは

第二章では、私の体験をベースに防大の生活を紹介した。確かにつらいことは多い。だが、厳しいことばかりではない。楽しいことも大いにある。日常の生活が不自由だからこそ、たまの自由を目一杯満喫できる。取材した中にも、「人が優しくしてくれたとか、ご飯が美味しいとか、ちょっと時間に余裕があるとか、そんな小さなことで喜びを感じられるようになった。人として強くなれた」と話す者もいた。

さて、今回の取材に当たっては、防大に「目指すべき学生のあり方」を問うてみた。得られた答えは下記の通りである。

「防大では、将来の幹部自衛官として必要な識見及び能力を備え、伸展性のある資質を有し、特に広い視野や科学的な思考力、豊かな人間性を有する者を育成することを教育方針としており、それらを有する者があるべき防大生の姿と言えます」

加えて、「理想像に男女の差異はありません」とのことだった。

第三章では取材を基に、防大生活での青春や苦悩を紐解き、彼女たちの内面により迫っていく。

「防大生活でよかったこと、楽しかったことは？」と質問したところ、最も多く挙がったのは人間関係に関する事柄だった。防大の人間関係は極めて濃密だ。十代後半から二十代前半という多感な時期の四年間、仲間意識を叩き込まれながら寝食を共にするのだから、当然と言えば当然だろう。文字通り「同じ釜の飯を食う」ことによって生まれる連帯意識はかなり強い。たとえそれまで全く喋ったことがなくても、「同期」の一言だけで美味しい酒が飲める。なんなら、「防大出身」というだけでもそうだ。その関係は卒業後も良くも悪くも変わらない。

まず1学年時は、同期の存在がかなりの割合で救いとなる。入校してすぐ、同期の大切さについて上級生から叩き込まれる。連帯責任での腕立て伏せや、座っている1学年の周りを立った上級生がぐるっと囲み、四方から罵声が飛んでくる「反省ミーティング（今はないそうだが）」など、毎日何かしらの指導を受けるため、共通の敵を設定しやすい。その中での団結はもはや必然だ。たとえ自分に全く落ち度がない場合であっても、次にミスをするのは自分かもしれないので、同期を責めることはない（腹が立つことも当然あるが）。「入校直後に上級生から『何をしてもいいけど同期だけは売るな』と教育を受けた。同期を絶対に裏切らないと思えるようになったことが、卒業後の今も一番よかったこと」

「防大で得られた一番の宝は、どんな状態でも一緒に乗り越えてきた仲間を大切に思う気持ち」

「1年の頃は本当につらかった。もう嫌だ、やめたいと何度も思った。毎日寝るときに明日が来るのが憂鬱で、このまま目覚めなければいいのにと本気で思っていた。こんな気持ちのまま上級生にはなれないと、1年の終わりに一度家に数日間帰らせてもらったが、そのとき、同期からたくさんメールをもらった。『無理にとは言えないけど、これからも一緒にやっていけたらうれしい』『お前なら大丈夫』って。そのおかげでもう一度だけ頑張ろうって思えた。防大に戻ったら同期も先輩も、みんな温かく迎えてくれた。同期がいなければ、私は1年のときにやめていたと思う」

「同期がいたから防大生活を乗り越えられた」という者は一人や二人ではない。

2学年のカッター期間を終えると、1学年時ほどの団結意識はなくなる。しかし学科、訓練班に加えて小隊~大隊運営、各種競技会を通じて確固たる連帯意識が育てられる。ある者は「1学年の団結は上からそうするように強制された団結。だから脆い」と言い、2学年以降の団結意識の方が心地よかったと振り返る。ただ、1学年よりはるかに楽になるとはいえ、息の詰まる環境であることは変わらない。「2学年になると私服で遠くにいけるようになったので、同じ校友会の同期と遠出することが生活の励みになっていた」と相変わらず同期の絆は大切なものである。

中には、「卒業後に同期のよさに気付いた」と言う者もいた。

「防大と違って同じ場所に同期の数が減ったからこそ、同期に素の顔を見せられるようになった。二時間睡眠が一週間続いたときとか、同期の部屋に行って二人で泣きながら『頑張ろう』と言い合った。お互い嫌いだったはずの同期が、私を見かけてわざわざ大声で手を振ってくれたこともあった。たぶん相手も卒業して同じような気持ちを抱いたんじゃないかと思う。卒業して初めて、同期っていいなと思うことができた」

上級生の存在も、怖いだけではない。まず入校してしばらくは、防大生活の大部分を対番をはじめとする上級生に頼ることになる。生活を送る上でのルールやテクニックだけでなく、幹部としての資質や人間関係の構築に至るまで、上級生からの教えを受ける。どうしても腹の立つ上級生もいるが、尊敬できる上級生に出会えないということはまずない。

「上対番から、相手を感化させるには相手の立場に立って相手ならどう思うか、どう行動するかを考えることや、まずは自分が動く姿を見せるという教育を受けた。理不尽なことには『こういう理由があって』とフォローしてくれたし、最終的にいつも味方でいてくれる人がいるというのは救われた。防大の教育で覚えていることは上対番から言われたこと。本当に上対番には恵まれた」と語る者もいた。

防大生同士の「絆」は固い

防大には「部屋会」という文化があり、ことあるごとに部屋の中でお菓子を食べながら話をする機会が設けられる。コミュニケーションを図るのが目的だが、上級生にとっては下級生の心情把握の、1学年にとっては息抜きの場にもなる。部屋会のお菓子は部屋長が1学年にお金を渡し、「これで買ってきて」と命じることが多い。さまざまな話の中で上級生も最初から上級生だったわけではなく、同じ苦しみを乗り越えてきて今があるのだ、との認識を新たにする。

また前期・中期・後期と一年で三回部屋が変わるが、そのたびにどこか外で部屋会を行う伝統もある。そのため、近場の寿司屋や焼肉店、マグロの頭を出す店など、いくつかある防大生に人気の店は休日の都度防大生の姿が確認される。ここでの支払いはすべて最上級生が行い、外での部屋会後には部屋員が部屋長にプレゼントを渡すという不文律がある。

女子は晩ご飯を食べるために集合し、食べたらみんなで防大に帰る、というケースが多いが、男子の中には「温泉に一泊した」「肝試しで一夜を過ごした」「リムジンに乗った」などという部屋もあり、スケールが大きい部屋会は男子の方が多い印象だ。連れて行く場所は「部屋っ子」と呼ばれる下級生の意見を聞くことが多い。私が4学年のとき、前期は「ホストクラブに行きたいっす！」と言われ、行こうとしたが二十歳未満の下級生がいたため入れずゲイバーに、後期は「不思議の国のアリスがモチーフになってるレストランに行きたいです～」と言われ、「リクエストの振れ幅すごい」と思った記憶がある。

そんなこんなで、少しずつ上級生との距離が縮まっていく。「時々かばってもらうこともあった」「いろんなところに連れて行ってもらえた。上級生と出かけて自分がお金を出したことはない」「冬は寒いので上級生のベッドに一緒に入って毛布にくるまった」「純粋にわちゃわちゃやってるのが楽しかった」など、多数の意見が寄せられた。

とはいえ1学年のときは指導する者とされる者の関係性を覆せないが、自分が上級生になると、自分がされて嫌だったことが、上級生の立場においてはしなければならないことであったと知る。「皆が、1学年の頃に大嫌いだった『未熟な上級生』になった。その過程でどうしてそうなるのかを身をもって知った」と評する者もいた。

人を叱るにも、気力と時間がかかる。私自身は「このミスは見逃せない。今日は叱るぞ！」と決めて呼び出しても、どんなに長くても十五分間の指導が限界だったので、「ちょっとミスしたくらいで一時間叱り続けたあの人は逆にすごいな」とも思えるようになった。２学年以降は自分にも余裕がある中で上級生と対話できるようになるので、単なる憧れだけにとどまらず、より深く相手について知ることができたと感じている。

最後に下級生。取材中、「人は立場でつくられる」と話してくれた者がいた。上級生は、下級生がいることで上級生となれる。１学年をどうやって育てるか、自分から何を学ばせるか、上級生になるとほとんどの者は誠心誠意考える。ある者は、「指導方針を考えるのが好きだった。後輩が狙い通りに育っていく姿を見るのが一番楽しかった」と目を細める。

上級生の多くは、下級生が実感しているより下級生のことが好きだ。困っていればどうにか手を差し伸べてやれないかと思う。今回私がこういった取材をすると決めたとき、卒業してからただの一度も会っていないが、防衛省への取材の口利きを買って出てくれた方もいた。

同期、上級生、下級生との触れ合いの中で、防大生は成長する。「真剣ですごくかっこいいときと、普段の子どもみたいなわちゃわちゃぶりのギャップが中二っぽかったけど楽しかった」と振り返る者もいる。四年間を小原台で過ごした者にとって、防大生同士の「絆」を感じたことのない者はいないはずだ。

「訓練とか学生舎生活とか、結局一人じゃできないことばっかりだった。つらいときに他の人に優しくされたり助けられたりしたことが本当に嬉しくて、他人にもこうしなきゃいけないんだなと実感したのが防大生活だった」

卒業後は頻繁に会うこともなくなるが、それでも「困ったとき、一人じゃ乗り越えられそうにないとき、今でも同期に相談する」「同期の前では全てをさらけ出してきたから、『私のことを分かってくれている』と思える人がいることが救いになっている」「会うことはなくても、みんなどこかで頑張っていると思うと励みになる」と口にする。

それ以外で挙がった意見の中で印象的だったものとしては、「強くなりたい」と防大の扉を叩いた者の感想だ。

「泣き虫を直したい、強くなりたいと思ったけど、全く強くはなれなかった。というよりも、自分は弱い自分のまま一生を生きていかないといけなくて、そのために自分とどうやって向き合うか、これが自分の一生の課題と知るに至った」

なお「訓練」を挙げたのは海上要員で一人だけ。また、「恋愛」「おしゃれ」という回答がほとんどなかったのはいかにも防大女子らしいと言うべきだろう。最後に「楽しかったことを思い出せない」と答えてくれた者が一人いることも申し添えておきたい。

男女の友情は成り立つのか

次に、約九割が男子学生という中で育まれる男女の絆について見てみたい。「男女の友情は成立するのか」。古くから議論が交わされる難題だが、こと防大においては、結論から言ってしまえば「成立する」と言ってよいかと思う。「飲んで異性の同期の部屋で雑魚寝した」などままある話である。

取材の中でも「ちょうどこの前、1年のときから仲の良いメンバーでオンライン飲み会した」「同期とカラオケによく行く」という声や、「なぜか職場がよくかぶる。もう家族くらいの仲」など、卒業してからも同性の友人と同様の付き合いが続く者も多い。無論、個人差はあるので「全然連絡を取っていない」という者も一定数存在はするが。

私自身、第一子を出産したときに同期の男子が産院に遊びに来た。退院後ならまだしも単なる友人の男が産院に来るケースは珍しいと思うが、「まぁすっぴんでぐちゃぐちゃの私を知ってるし、今さら産後すぐの姿を見せたところでなんら問題ないな」と開き直れた。

もしこれが社会人以降の知り合いであれば、多分にためらいがあったことだろう。

女子側の意見としては、「全然男と女とかいう関係じゃない」「マジ何でも言い合える仲」「向こうが私を女として見てない」などの声が多数を占めた。

ただ、個別的な関係としては成り立つものの、相対的な関係として見たときには、男女の友情は男同士の友情、女同士の友情とはまた異なる部分があることも事実だ。「男子同士の友情が羨ましかった。頑張ってそこに入りたいと思っていたけれど、ふとしたときに性別の壁みたいなものを感じた」と話す者がいた。

男子同士の紐帯（ちゅうたい）、それはかなり強固なものだ。「男は女とは熱量が違う。男は没頭できるけど、女はいつもどこか一歩引いて見ているところがある」などと評する者もいた。

卒業後、あるドラマを見て、私は防大の男子たちを思い出した。『半沢直樹』である。言わずと知れた視聴率四〇％越えの名作だ。ドラマ内では、堺雅人演じる半沢直樹が同期の力を借り、残業や出張もなんのそので問題を鮮やかに解決して上り詰めていく。出てくる同期は男だけだ。ここでその良し悪しを述べるつもりはなく、私も良質なエンタメとして月曜日への活力をもらった。ただ他方で、「この男たちの輪の中に入りたくて入れず、もがいた結果そっと去ってしまった女性たちは多いんだろうな」とわが身を重ねてぼんやりと感じたのも事実だ。

女子同士の友情も、一般的なものより強固だとは感じる。いわゆる「女子同士の軋轢」も世間一般よりは少ない。それはおそらく、やはりつらい環境を共に乗り越えた間柄だということが大いに影響している。たとえ人間的に合わなくても協力しなければならない、「女性らしさ」にはまるで価値が置かれないため、可愛いとか綺麗だとかそういった部分でマウントを取ることがない、他人を気にしている時間がない、といったことが理由として挙げられる。

ただ、男子同士の友情と決定的に違うのは、その関係性に異性からのまなざしが多少影響してくるというところだろう。男子同士の友情に、女子は必要とされていない。正しく言えば、女子からの好感度の高低で男子内で評価が揺れ動くわけではない。男子の評価を決めるのは男子だ。だが女子の場合、女子からではなく男子からの評価がその女子の価値を定める指標になりうる。「男子に評価されている女子」というのは、女子の中でも「すごい女子」という位置付けに置かれる。男子の視線を生活の中で意識しているわけではないとは言っても、無意識のうちに女子同士の関係性に刷り込まれる場合がある。

往々にして男子と仲がいい女子側は、そうではない女子に対して何とも思わない、それどころか仲良くしたい、力になってあげたいとすら思う。一方、男子の輪に入れない女子側は、男子だけではなく男子と仲のいい女子とも距離を置く場合がある。「優秀ですごいな、と思うけど、私はそうはなれないんだと思うと……なんか一緒にいるのが苦しかった」という声もあった。

男子からの評価が女子同士の関係性を揺るがす

男子からの評価が女子同士の関係にも影響する、とは、例えば「男子と仲良くしていたら女子に嫌われた」という意見が多かったことから見えてくる。

「元々けっこう男子が遊びに来るような部屋だったので、私も普通に男子と喋っていたら、ある日同期が朝ご飯に一緒に行ってくれなくなった。そういうのを敏感に察知して動かないといけないというのがプレッシャーだった」

「男子から気に入られると鼻につくという感じが女子にある」

「私は男子ともつるんでたけど、うまくつるめない女子が同じ班にいて、その女子とはあまり仲良くできなかった」

「1年のときに問題を起こした同期の女子がいて、上級生も最初は『あいつ、やめさせてやる』と意気込んでいたのに、いつの間にか仲良くなっていた。かわいい子だったので、『結局顔か』と思った」

「体力もあって男子にも認められてて……。同じ訓練班だったから、一緒にいると比べられてるような気がして嫌だった。その子は強い感じだったから、男子にその子より気に入ってもらおうと無意識に行動してた気がする」

次に役職の問題だ。長期勤務学生と呼ばれるリーダーポジションに女子が選ばれたとき、「学力は高いけど、体調が悪いと言って休んでベッドで勉強したりしていた。そんな人が選ばれるのは、私は納得できなかった」「上級生や指導教官に気に入られてるだけ」といった意見があった。

一見、「男性からの視線」は無関係のように思える。だがある者が指摘していたのは、「男性優位の社会では、女子がどれだけ多数の男子に認められているかで評価が決まる感じがある」ということだ。

防大ではしばしば、男子学生が女子学生に対し「お前は頑張ってるよ」と伝える局面がある。この言葉には多分に「上の者が下の者を評価する」意味合いが含まれている。おそらく、この言葉を発する男子学生自身にはそういう意図はないだろう。純粋に頑張っていると思うから、頑張っていると言っただけ。しかし、よくよく分析してみると、「体力がなく、リーダーシップに乏しい女子学生の中では努力・実績共に優れている方である」という視点での評価だ。

男に認めてもらった女と男に認めてもらえなかった女。そこに確執が生まれるのは必然とも言えるだろう。「女の敵は女」と言って笑う男こそ、意図しないにせよ結果的に女の分断を生み出していると言える。

「防大は人に対してすぐ『できる』『できない』を判断する。一度そのレッテルを貼られると、ずっとそういう風に見られる」。そういう環境下で「認めてもらう」ために、女子の行動も変容する。

「訓練についていけなくても、『女子なんだから仕方ないじゃん』という態度を取ることはできなかった。いつも謙虚でいなきゃならない、みたいな気持ちがあった」

「男子とよく下ネタも話してた。本当に楽しんでたのか、男子に『あいつは話せる』と思ってもらうために受け入れてたのか、自分でもよく分からない」

こんな意見もあった。

「全然男子とつるまない女子がいて。当時はなんでもっと積極的に男子と話さないんだろう、と本気で思ってたけど、卒業してから、ぁあの子は強かったんだ、私が弱かったんだってことに気付いた。私は男子に媚びることしか選べなかったから」

無論、女子の全てがこのような思いを抱いているわけではない。しかし、どうしても苦しんだという声は目立つし、実際苦しかったという者の方が圧倒的に多いが、「女子感が苦手で、男子といる方が楽だった」「男子ともまぁうまくやれていた」とあっけらかんと話す女子もいる。特に現役自衛官からは、「男とか女とかということを意識したことはない。みんな仲良かった」と話す声も複数あった。

防大生の恋愛観

次は恋愛について見てみよう。まず、恋愛観について。防大男子の恋愛観は、一般的な感覚より少し古風な人間も多いように感じられる。在学中、ある同期から、「俺は守るべきもののために戦うんだ。その守るべき女に横で戦ってほしいとは思わない」と面と向かって言われたことがある。まさに横にいる女としては、「おぉ、そうか」と言うよりほかなかった。また別の同期は「俺、プロポーズの言葉は決めてるんだ」と言うので、どんな言葉かと聞いてみたら、「毎日俺の味噌汁をつくってくれ」だと言う。他の男の同期も

「いいじゃん！」と頷いていたので、みなこんな感覚なのかと衝撃を受けた思い出がある。

他にも、男子に卒業後に結婚を決めた理由を聞くと、「遠洋航海のときほとんど連絡を取れなかったけど、俺を待っていてくれたから。いじらしいと思った」「笑顔で癒やしてくれる」などが多かった。先に述べた『半沢直樹』では、ドラマ版の主人公の妻は美しい専業主婦で、育児を一手に担いながら、帰りが遅い夫のために手の込んだ料理を並べ、主人公を激励するという存在だった。女性から見たら「もはやファンタジー」と思わされるヒロイン像だが、そのようにどこか「自分は仕事に専念！　国も妻も守る！　その代わり家庭は任せた！」というヒーロー願望とでも言うべきものを持つ者が多いように思われる。

ただ、防大では「平日絶対会えない」、かといって「休日会えるとも限らない」「連絡も自由に取れない」ことなどが交際の上ではかなりネックになるようだ。「一か月外に出られないから会えない」なんてこともザラだ。船の上や山奥では携帯の電波すら届かないこともある。訓練をしていると、「この日本でも電波が届かないところってけっこうあるんだ」と知ることになる。相手が海外にいてさえ、二十四時間つながれるようになったこの時代、寂しくなっても連絡すら取れない相手を、一般の大学生が受け入れるのは少しハードルが高いことは想像に難くない。

なお、毎年十一月に行われる防大の「開校記念祭」では、彼女を連れてくることが一種のステータスとなっており、そこかしこに私服の彼女を連れて誇らしげな顔をした防大生を見ることができる。開校祭をきっかけに彼女をつくりたいともくろむ学生も、防大生と知り合いたいという女性もいる。

あくまで個人的な感触だが、防大男子のお相手となる女性には医療職が多い。転勤しても付いていってどこでも働ける、誰かのために奉仕する姿勢などが合うのだろう。ちなみに、防大や自衛隊を去った防大女子も、その後看護師になるケースが結構多い。取材をした中でも片手以上の防大ＯＧが看護師になった、あるいは学校に通っている最中だった。

では、女子の恋愛観はどうだろうか。入校時点では、おそらく同年代の女子と何も変わらない。だが、防大に入校するともれなく、黒髪短髪で心身を鍛えまくった男たちに囲まれることになる。するとどういうことが起こるか。まず単純に周りがかっこよく見える。そして地元に戻ったとき、高校までの同級生がチャラく見え出す。一般大の男子大学生の半分くらいが自分と同じくらいの髪の長さ、あるいは自分より長い。「1学年のころ、夏季休暇に地元に戻って、髪をフワフワ遊ばせてる同級生の男子を見たとき、ぞわっとした」と話す者もいる。「四年間防大で過ごすと、一般的な『女の子』ではなくなっていた。

一般の男は甘いと思うようになった」という声も上がる。

一般的に「防大女子」というのは、日本でも有数の「男ウケ」しない大学生だ。さらに私は陸上要員だったので、訓練と言えば戦闘訓練＝匍匐前進。石がゴロゴロ転がっている地面で匍匐前進をすれば、そこらじゅうに青痣ができる。4学年の夏季定期訓練後にはマダニを含む虫刺されの跡がひどく、夏期休暇で帰宅した際には母親に「かわいそうに…」と同情された。

取材の中でも、「校友会で他の大学の学生と関わる機会があったが、『防衛大学校』という名前から、自分より強そうと思われてしまい、引かれていた。話題はもっぱら軍事ネタだった」と嘆く者もいた。そのため、防大女子側にも、積極的に外部の出会いの場に打って出ようという者は少ない。恋愛に重きを置いた生活ではない、時間がない、自分が受け入れられるか不安、分かってもらえない、いい感じの男子がごろごろその辺に転がっているので目が肥えている、などの理由が挙げられる。

ただ、やはり防大女子も年頃の女子である。男に守ってほしいとは思わなくても、恋はしたい。もしくは恋をしたいとは思っていなくても、恋に落ちる。

愛と僻みが渦巻く内部恋愛事情

防大生同士の恋愛、いわゆる「内恋（内部恋愛の略）」は、校則で禁止されているものではない。だが防大には校則と同等、もしくはそれ以上に学生が重んじる「学生綱領」というものがあり、その綱領の中に「ここ小原台は愛を育む場所ではない」としっかり明記されており、内部恋愛は決して大っぴらに歓迎されるものではない。

どんなに真面目で優秀な女子学生に対しても、内恋をしているとそれだけで侮蔑的な目で見る男子学生は一定数存在する。ひどい例になると、「女子は内恋をする存在だから」と何もしていなくても性別だけで一段下に見る者までいた。内恋をした場合、女子と同数の男子学生がいるはずだが、なぜか男子は「好きになった相手がたまたま防大の女子だった」という扱いを受け、女子に対しては「女は恋愛にうつつを抜かす存在だ」という考えを補強するものとなる。

男女の友情は成り立つと先に述べたものの、それはあくまで個別的な関係によるもので、「ちょっと男子と話していただけで噂になった」と複数の女子が振り返る。「四年間本当に何もなかったのに、根も葉もない噂話にはうんざりさせられた」「男子と仲がいいってだけで上級生から呼び出された」など。「上級生同士が男を取り合って犬猿の仲に。部屋っ子としてはすごく気まずかった」と、ごくまれにではあるが、こういうことも起こるようだ。

学内には「内恋撲滅委員会」という非公式の組織まであった。曰く、防大は綱領にも謳うように恋愛をする場所ではない、身近にカップルがいれば周りが気を遣う、幹部自衛官たる資質を涵養する場所で恋にうつつを抜かす人間は幹部自衛官としてふさわしくない、という論理だ。委員会の構成員は男子だけで、今振り返れば「どんなモチベーションで活動しているのか」と、やや滑稽にも思う。彼らのうち半分くらいは酸っぱいぶどうよろしく、僻(ひが)みが入ってるのではないかという疑いもある。

ただ、「防大は愛を育む場所ではない。それすら守れない奴に幹部自衛官たる資格はない」という論理に一定の正当性があるように感じられたこともあり、余計にカップルたちは口を噤(つぐ)んだ。デート現場を目撃され、交際していることをみんなが知っていても、「付き合っていない」と多くの学生が言い張った。内恋は女子学生に罪悪感を抱かせる行為でもある。ちなみに校内での「不純異性交遊」が発覚すると、時に自主退校に追い込まれるほど苛烈な指導を学生間で受けることになる。

しかし、九割が男子の中に一割の女子、二十四時間一つ屋根の下、平日は外出できず、休日にも門限があり、努力する姿を相互に見る、という生活を想像してほしい。恋愛に救いを求めたくなることもある。しかしその対象を外部に求める時間などあるはずもない。実際、私は「防大の外に彼氏がいる」という女子学生をほとんど知らない。同期の中には、「もし俺に娘が生まれて、不細工だったら防大に放り込む。防大なら相手が見つかるだろ」と言っていた男子もいた。しかし個人的には、防大女子の中には、一般的な世間における防大女子のイメージよりずっと可愛い者も多いと思っている。これは防大女子の名誉にかけて付け加えておきたい。

上級生がかっこよく見える「防大マジック」

入校すると上級生の女子学生からはとにかく、「上級生はかっこよく見えるから気を付けろ」「相手を選ぶときはよく考えろ」「女子学生は目立つので、自分が気付かなくてもデート場面を目撃されている可能性もあるから気を付けろ」等々、さまざまな注意を受けることになる。取材の中でも、「絶対的な上下関係があるから、上級生が実際よりかっこよく見えた」との声も上がった。

防大生同士の恋愛のいいところは、相手のことがよく分かることだろう。生活リズムも同じで、今相手に何が起こっているのかも分かる。訓練などで山に行ってしまうと連絡がつかない、というよりそもそも電波がつながらないこともあるが、それで不安に思うことはない。休日しか外に出られないことに愚痴をこぼすこともない。防大生同士で結婚するカップルは、結婚する年齢も早い傾向にある。すでにお互いをよく知っていること、また結婚すれば任地に配慮してもらえるという噂があること、などがその理由だ。

取材の中では、「周りに悪影響を及ぼさないなら内恋はＯＫ」という意見が多数を占めた。というより、防大で恋愛を一度も経験しなかった者も含めて、表立って「内恋反対」という女子はいなかった。この点、本音はどうあれ「内恋撲滅委員会」を結成し活動する男子とは大きく異なる。

「適切な付き合い方ができれば、お互いにプラスになる関係が築ける」

「内恋を否定・タブー視せず、ふさわしい付き合い方を考えよう、というスタンスが防大にあった方が、恋愛で手痛い失敗をする人が減るのではないだろうか」

「近い距離で相手の人間性を様々な角度から観察できるのは、防大ならでは」

「隠すのがつらかったといえばつらかったけど、休日や日々の癒やし・甘えの対象だった。恋愛は自分を成長させる一つの手段だと思う」

なお、「それくらいの年齢の男女がいたら、そりゃ仕方ないよねとは思う。ただ、自分自身、今更反省するけど、みんなの前では付き合っていることを分からないようにするべきだった」と述懐する者もいた。

内恋のデメリットと言えば、綱領で認められていない中で恋愛をすることに後ろめたさがあることや、周囲が気を遣うことがある。別ればなおさらで、どちらかがまた別の相手と付き合い出せばこれまた気を遣う。ある者は「別れたときはもう学校やめようかと思った。『あいつら別れたんだ』とか、周りからいろいろ言われるんだろうなと思うだけで嫌だった」と振り返る。また男子側からしてみれば、彼女がいつも大量の男に囲まれている状態なので、あまりいい気分はしないだろう。「『あんまりほかの男と喋るな』と言われたけど環境的に無理だし困った」「束縛が激しかった」という声もある。

また、「結婚するから任官しないと信じて疑わなかった頃、苦手な訓練に対して、食らいついていく気合を出せなかった」と、恋愛をいい意味ではない逃げ場にしてしまったり、「流されて付き合ったことを長年後悔した。一瞬でもかっこよく見えて、その後に付き合った自分の愚かさが一番許せず、後悔や苦しさを人に言えなかった」と吐露する者もいた。

女子特有と思われる心情もある。「仲間」だと思っていた人間からの好意は、嬉しいという感情だけで済まされない場合がある。男子学生から「仲間」として「認めてもらう」ことを渇望する女子学生は、「女子学生」として違うカテゴリーに括られるわけでもなく、文字通り「戦力外」とみなされることもなく、純粋に「幹部自衛官候補としての仲間」とみなしてもらうことを欲する。時に「飲みに行こうぜ」なんて誘われると嬉々として加わり、「武装走つらい」だとか「なんでお前彼女できないの」だとか、時には下ネタにも興じつつ、「仲間としての連帯感」に浸る。

そんな陶酔に、恋愛感情は冷や水をぶっかける。「私のことを仲間として接してくれていたわけじゃなくて、『女』として見てただけだったのか」と。ある者は「じゃあどう接したらよかったんだろうと自己嫌悪にもなるし、他の人にも相談できなくてしんどかった。モテ自慢みたいに思われるのも、『男子と仲良くしてる自分のせいじゃないか』って思われるのも嫌だった」と振り返る。

「生活のすべてが強制」「自由がない」苦痛

防大女子の抱える苦悩は様々だ。バリエーションで言えば「楽しかったこと・よかったこと」の数をはるかに凌駕する。また、「楽しかったこと」には、「女子だからよかったこと」がまず出てくることはなかった。その一方、「女子だから苦しい」という事柄は多数寄せられた。

まずは男女関係なく苦しい事柄を見てみよう。一番に挙げられるのは、「拘束されることに起因するものだった。

「好きに時間を使えない。時間が決まってて、このラッパで起きろとか寝ろとか、とにかくなんでも強制されることに慣れるまでは息苦しかった」

「時間に追われて息もつけない集団生活、点呼。やること、覚えることが多く、ミスをすると怒られて、連帯責任を取らされたこと。私はかなりマイペースでのんびりしたところがあるから、みんなのようにササッと動けないのがつらかった」

「起床時間前のプレッシャー。掃除の手順等を頭でイメージして、あれやってこれやって、と常に安心できない、ホッとできない毎日は嫌だった。精神的にプレッシャーを感じると軽い吐き気を催す体質なのでそれもつらかった」

上級生になれば1学年時よりは余裕ができるものの、定められたスケジュール通りに動かなければならないことに変わりない。

「自衛隊の教育機関だから仕方ないのだけれど、学年が上がろうが、原則点呼から逃れられない不自由さがつらかった。自由に人と会ったり、一緒にいたりができなくて学校に戻らなくちゃいけない、時間に間に合わせないといけない、という不自由さがずっとついて回っていたのが嫌で嫌でたまらなかった」

「自主自律だからこそ、学生がすべきことやしたいことの起案、実践、修正という一連の作業に終わりがない」

「常に周りを一番に考えて行動しなければならず、自分のしたいことは優先できない」

「大隊ごとにルールが異なり、問題が発生しても学生隊全体での問題解決に至らない」

また、「まとまった勉強時間が取れない」ことに不満を漏らす者もいた。どんなに集中していようが卒論に追われようが、点呼など「必ず集合しなければいけない」局面が多いためだ。中には「自習時間に教官の部屋で卒研をしていたところ寝てしまって朝を迎え、危うく朝の点呼に遅れるところだった」という者もいた（その際は部屋に帰ってこない上級生を心配した下級生からの電話により事なきを得たという）。

ただ、これらの経験の中には「しんどいけど、そのときはトランス状態みたいな感じだった。今振り返ると普通ならできないことだったなとも思う」などと、懐かしい思い出として語る者も多かった。

尊敬できない上級生

次に紹介するのは、よかったこととして挙がった「人間関係」についてだ。これは時として、心をひどく蝕む原因ともなる。「人間関係」と一口に言っても様々あるが、まず「人間的に合わない」というものがある。別に防大でなくたって合う、合わないはあるし、合わない人間と毎日顔を突き合わせていればしんどい。だが防大では、「嫌いだから会わない」という選択肢がない分、余計につらい。

「上対番と仲良くなれなかった」「いきなり同期から距離を置かれるようになった」「あの上級生は苦手だった」等々、やはりそういった事態は起こり得る。上級生同士が仲が悪いと、部屋の下級生が気を配るということもある。ただ、「人間的には嫌いだけど仕事はできる」や、はたまた「人間的には好きだけどどうしようもなく仕事ができない」ということもある。

次に、指導されることによって起こる事柄だ。防大生なら誰しも、これまでの人生で受けてこなかったような激しい指導を受ける。この「指導を受けること」を「しばかれる」と呼ぶ。「今日○○さんにかなりしばかれた」と、毎日どこかで誰かが口にしている。

この「しばき」にも、よい指導と悪い指導がある。幹部自衛官たる資質を伸ばすために目的をもって行う指導はよいが、防大ではしばしば「指導するための指導」が散見される。上級生は「指導する」ことも責務の一つのため、「とりあえず怒鳴っておこう」という者が生まれてしまうのだ。そういう指導を行う者には、どういう返事をしてもムダだ。たとえ上級生が指摘するミスの発生に真っ当な理由があったとしても、未熟な上級生はもれなく「言い訳か！」とそれすらも攻撃材料にする。そうなると1学年の取る術(すべ)は、ただひたすら反省しているふりをして時間が過ぎ去るのを待つことしかない。大変不毛な時間だ。

同期で一人、「いえ！　これは言い訳ではなく理由です！」と返したとして同期から賞賛を受けた男子がいたが、裏を返せばそんな当たり前の返答が賞賛されるほど、怒る方も怒られる方も思考が硬直化していると言える。

こんな状況下では、「尊敬できない」上級生も生まれる。

「1年のときはあの先輩やばいと思って反論もしたが、途中から何を言っても変わる人じゃないなと諦めた。一貫性がなかったり、日本語がおかしかったり、呼び出された原因と話し始めたことが違ったり、話が収束しなかったり……理解できないことが多かった。指導の意図がよく分からないのは女子の方が多かった印象」

「『今から誰かをしばきに行こうっと』と廊下に出て行く先輩がいると男子から聞いて信じられなかった」

「女子部屋の緊張感が異常」

取材の中で、「女子部屋がとにかく嫌だった」と話す者がいた。防大では、「同部屋の1学年をしばかない」という不文律がある。同じ部屋の上級生に厳しい指導を受けると、部屋の中で萎縮してしまい、「逃げ場」がなくなるからだ。部屋の中はなるべく居心地のよい環境にしたい、という感覚がある。

ところが、女子部屋ではそうはいかない。旧号舎では四階すべてが女子フロア、つまり複数の女子部屋があるため、同じ部屋ではなく、隣の部屋で指導を受けるということができるが、新号舎では各階の端に一つずつしか女子部屋がないため、どうしても同じ部屋内での指導が行われることが多くなる。その環境に批判的な意見は多い。

「とにかく女子部屋の緊張感がすごすぎた。リラックスできる場がなかった」

「男子部屋は和気あいあいとしているのに、女子部屋は逃げ場がなくなる。部屋でしばかないでほしい」

「女子がちゃんとしなかったら文句を言われる、などと言われてみんなすごくちゃんとしようとしていた。部屋の中でも普通にしばかれる。素の自分を出せない。もうずっと目立たないように目立たないように生きてきた」

「ストレスで過食に走ってしまった。四年間で二十キロ太った」

また、男子部屋とも同じフロアで距離が近い。ある者はこんな経験を振り返る。

「男子部屋が近いのはどうかと思う。各国の士官学校や部隊の女性の隊舎は鍵がかかっている。しかし防大はそうなっておらず、女子トイレに男子学生がいたこともあった。それはダメだと指導教官に言っても、『公になるとあいつにも未来があるから』と揉み消された」

では旧号舎のように女子フロアの方がよいのかというと、今度は「旧号舎は四人部屋、新号舎は八人なので数が多い方が楽しい」「旧号舎が『大奥』と呼ばれているのが嫌だった。それは女子が異質扱いされてるってことだから」という意見もあった。

メンブレ、リスカ、自殺——心が折れるとき

心や身体が弱っているときに受ける指導は、より心に突き刺さる。

「1年のとき、怪我して松葉杖をつくことになった。できないことも増えて同期に迷惑をかける代わりに、できることは同期の分まで引き受けた。でも、ある日呼び出しを受けた上級生に、『お前、階段では松葉杖使ってないって聞いてるぞ！　お前みたいなクズはいらねぇんだよ！　お前の存在が同期の邪魔だ！　お前みたいな奴は早くやめちまえ！　いらねぇよいらねぇ！』と言われた。自分ではこれ以上ないくらいに必死に生きていたつもりだったから、かなり応えた。こいつの前では涙を見せるものかと思って耐えたけど、部屋に帰って泣いていると過呼吸になった。息ができなくて手足が痺れて、なんで頑張ってるのにこんな思いをしなくちゃいけないんだろう、私は防大にいない方がいいんじゃないかと思った。その4年生はその後親しげに話してくるようになったけど、卒業まで苦手だった」

上級生としては、「自衛隊に馴染めそうになければ早くやめさせるのがその子のため」「続けるのであれば覚悟を持たせる」という思いがあるので、1学年の比較的早い時期だからこそこういう指導になったのではないかと推察する。だが、そういった上級生の心情を推し量ることのできない1学年にとっては、ただただつらいだけだ。

ある者はこう振り返る。

「防大の教育自体が、その人の性格や感じ方、考え方を一度壊して作り替える印象がある。私は本当に世間知らずで甘えていた部分があるから、一度ペシャンコになってそこからいろいろ学んで『人格をもう一度、一から作りあげられた』と感じている。結果、たくさんのことを学べたり身に付けられたりしたと思う一方で、ペシャンコにされたときのことが忘れられず、今も自己評価が低いまま」

彼女は自己肯定感の低下に苛まれ、しばらく鬱病を患ってしまった、と話す。

また、苛烈な指導を向けられるのが自分ではなくても、つらさを感じるときがある。最もつらかったこととして、「他人がやられてるのを見たとき」と答えてくれた人も複数いた。

「上対番が自分のミスで腕立てをさせられるが、腕立てができない人だったので見ているのがつらかった」

「同期の女子が恋愛沙汰で問題を起こしてやめた。いろいろ言われて『女子でこういうことをやっちゃったからもういられない』って。でも男子はおとがめなしだった。それを見て、なんなんだこれはと思った」

「同期がテンキーの中にゲーム機を隠していたのがばれて、反省ミーティング。みんな腕立て伏せをして、何が悪かったか一つずつ言っていく。その後は空気椅子で今度は改善点を一つずつ言うまで終わらない。そんなに数があるわけもないのに。同期は十キロくらいの重しが入ったテンキーを載せられてもうボロボロ。それを見るのはキツかった」

防大では、本当に残念なことだが命を自ら断つ者もいる。数字的には一年に一人出るか出ないかといったところだが、仲間の死は、遺された者にも大きな影響を及ぼす。毎日顔を合わせ、共に乗り越えていこうとする仲間が死を選ぶわけだから、影響を及ぼすのは当然のことだろう。

「同期の子が自殺したのはきつかった。逃げたらいいのにって思うけど、そうさせてくれない環境と圧力が結果として死という逃げ道しかないと思わせてしまうのは正直いただけない」

「ちょっとのミスから追い討ちをかけられて、その人が頑張って取り返そうとしても『一挙手一投足そいつがすることは詰めていこう、それが方針だ』という風潮になって、疑問だった。そして同期は亡くなってしまった。同期とも『絶対こんなの普通の世の中じゃおかしいよ』と話してた」

また、自殺とまではいかないまでも、密かに自傷行為を繰り返す者もいる。取材の中でも、「リストカットをしてた。部屋がつらかったというのが大きくて。冬だったので長袖だったから誰にもバレなかった」と話してくれた者もいた。

ほかにも防大では怪我や病気で日常生活を送れない場合、部屋の前にその者の氏名と理由を貼り出す決まりがある。一番多いのは風邪だが、忌引きや入院などでも使用される。「ある日、同期の部屋の前を通ったら、その紙が貼られてて。親元に帰る《帰休》で、その理由が《希死念慮のため》となっていた。その子が『帰らせてくれ』と訴えるまでにはどんなにつらかったんだろうと思うし、要するに『自殺の懸念あり』とわざわざ貼り出すその無神経さが信じられなかった」と振り返る者もいた。

防大が把握している「自傷行為を行っている者」としての数は毎年ゼロ～一人だというが、上記のように数には含まれていないが、自傷行為を行う者、心を病む者は実際にはもっと多そうだ。過呼吸を起こす学生もそれなりにいる。ある者は「いつの間にか過呼吸が癖になってしまっていて、ちょっと怒られたり、運動したりしただけで出るようになってしまった」「『過呼吸は精神的なものだよね』と同じ訓練班の女子学生に言われ、自衛官としての自信を打ち砕かれた」と話す。

ある者は防大の環境についてこう批評する。

「一人で寛（くつろ）いだりリフレッシュできる時間がなく、何度か精神的なバランスを崩した。限界を感じて帰療を申し出たことがあったが、その後、中隊の指導教官から冷ややかなものを感じた。防大でSOSを発信することは『弱い人間』という烙印を押されることなんだと感じて、今後は何があっても指導教官や医務室に頼るのはやめようと思った」

ただ、「精神的につらかった」と話す者は多かった中で、特徴的なのは、誰も「誰々さんのせいでつらかった」と特定の何者かのせいにはしなかったことだ。誰しも、下級生や同期の「心を傷付けよう」という意図があるわけではない。悪意には悪意で返せるが、「幹部自衛官になるための指導」となると誰のせいにもできなくなる。鬱病を患ったという者も、「防大教育はそのままでいい」と話す。だからこその難しさもある。

コロナ禍では、ストレスも増大するようだ。緊急事態宣言下の防大では、二カ月程度の外出禁止の措置が取られたといい、二〇二〇年十一月の衆院安全委員会では自傷行為を行った者が同年一～九月の間だけで少なくとも五名いたことが明らかになっている。

「銃を撃つ」ことへの葛藤

次に説明するものも明確に女性特有の悩みではないが、実体験を踏まえてやや女の方が悩む割合が高いのではと思うものだ。それは「銃を撃つこと」だ。防大では前述のとおり、入校ほどなくして「自分だけの銃」が手渡される。とりわけ2学年以降、陸上要員になれば訓練に銃は必須なので、取り扱いにはすぐに慣れるが、ふとしたときに自分が他人の命を奪う武器である銃を手にしている現実に違和感を覚えることがある。もちろん女子全員がそうだというわけではないが、銃を前に真面目に思い悩んでいた女子を私は複数知っている。彼女らはこう話す。

「私は他人に『銃を撃て』と命じられない、その重みに耐えられないと感じた。これは防大卒業後も悩んで、指導教官にも言いに行ったが、『それを背負っていくのが幹部の仕事だから、向き合い続けなければいけない』と言われた。今も向き合い続けている」

「ずっと銃を撃てるかどうか悩んできた。でも、部下ができて、今は部下を守るためなら撃てる、と思うようになってきた」

私自身、4学年の冬の定期訓練のことをよく覚えている。そのときに行ったのは「バトラー」と呼ばれる、銃からレーザーを発射することで行う実戦形式の訓練だった。これまでの訓練では、銃は使えども、目標は的ばかり。銃口管理については厳しい教育を受けており、銃口を人に向けることはなかった。それが、このバトラー訓練で初めて銃口を人に向けることになったのだ。

訓練地の草むらに身をひそめながら、こちらにやってくる「敵」に向け照準を合わせたことも、「敵」と鉢合わせして至近距離で銃口を向けられたことも、強烈な印象として残っている。「これが実弾なら私は人を殺し、殺されていた」。そう思うと背中を冷たいものが流れていった。

なお、私の見る限り、そのバトラー訓練では男子はいつにも増して楽しそうに生き生きと訓練に臨んでいた。主観ではあるが、そのとき初めて、「あぁ、男って戦うことが好きなんだな。女とは本質的に違う生き物なのかもしれない」とぼんやり感じた記憶がある。

生理中の訓練、行軍、遠泳は「地獄」

女子特有の悩みにも触れておかねばならない。生理についてだ。生理痛は個人差がひどいため、「イライラしてしまうサイクルがあるのが嫌」「生理中の訓練が本当に苦しかった」と挙げる者がいる。ある者は、生理痛が重いため、過酷な行軍時に被らないようにとピルを服用し、副作用に耐えていたのに行軍時に生理が来てしまって泣いたという。

1学年時の夏の訓練では、東京湾八キロ遠泳がメインとなり、毎日海やプールでの練習が実施される。高校時代までは、「今日あの日だから見学で」が通用するが、私の知る限り、防大では「生理だから」と言って練習を休んだ女子学生はいない。訓練期間は約一カ月あるため、大体一度は生理期間が重なる。みんな慣れないタンポンを装着して訓練に挑むことになるが、そもそもタンポンを使ったこともない者がほとんどのため、トイレで悪戦苦闘し、時間にも追われて軽いパニックになることもある。ある者は「遠泳本番と生理二日目が重なった。なんとか乗り越えたけど、『こんなキツいことがほかにあるのか』と思った」と振り返る。

話を聞く限り、女子学生の生理への扱いは、昔の方がキツかったようだ。四十期（女子一期）代は、「あまり問題視、重要視されなかった」と振り返る。防大には医務室があり、風邪などの治療はそこで受けられるが、婦人科はないため、外部の病院に通院するには指導教官の許可が必要となる。そんな中でピルを処方してもらうため、「男の指導教官に言いたくもないのに申請に行ったら、『女子は生理が止まって普通だから。そういうケースはよく聞くよ』と言われた同期がいた」と話す者がいた。また、なんとか横須賀にある民間病院にかかったところで、「『オリンピックに行った女性は血を垂れ流しながら走ってた』って言われたから、あそこ行かない方がいいよ」などという話をしたこともあったという。

生理をめぐっては、普段は少ない女子同士の確執があったという意見もあった。訓練前になると、ピルの処方の希望の有無を聞かれる。訓練の強度で言えば4学年の陸上要員が最も高いため、下級生がピルを処方してもらおうとすれば「『今のうちからピルを飲むとか信じられない。今からそんなこと言ってたらこれからやっていけないよ』と言われて諦めた」「3学年のときに野営があるから処方してもらおうと思ったら『3年なのにピル使うの』と4学年の女子に言われた」という者もいた。

私自身、1学年の途中から約二年間、生理が止まった。本来であればすぐに病院に行くべきだということは頭では分かっていたが、ただ「楽だから」という理由で放置していた。3学年時、武装走というフル装備で行う障害物競走のような訓練の本番当日に生理がやってきて、「久しぶりに来た」という安堵と「なんで今……」という悲しみの気持ちが入り交じった。その後もかなり周期が不規則で、一度病院で診てもらった際には「子宮が未熟な状態です」と言われ、「将来妊娠できるのだろうか」と不安になったことがある。ところが自衛隊を辞した途端周期が安定し、今では二児の母だ。防大在学中は「大体のことは気力でカバーできる」と思っていたが、身体は思ったより正直なんだと妙に感心した。

取材の中でもやはり、「生理が止まった」と話す者が複数いた。聞く限り私と同様、「まずいなぁとは思ってたけど、病院には行かなかった」という。訓練期間中、陸上だと山に入ればトイレがないこともある。つまりナプキンを取り替えることもできない。となれば、「生理がない方が楽」と思ってしまうことはやむを得ない。「防大、自衛隊はやっぱり女子のリズムには合っていない」と指摘する者もいた。今回の取材ではテーマとして「生理」を問うたわけではないが、複数の女子から生理についての言及があった。おそらく、私が聞いていないだけで不調を抱えていた女子はまだいるだろう。

部隊に行ってからピルを飲み始めたというある者は、「生理を自分で管理できるし、生理痛も減ったし、なんなら肌も綺麗になった。なんで防大時代飲んでなかったんだろう」と話す。私は運良く女性としてのリズムを取り戻せたが、卒業して自衛隊を退職し、それなりの月日が経過しても「まだ不順のまま」という者もいる。生理が来ない、というのは楽なことではあるが、女性の身体にとっては不自然な状態だ。その割を食うのは、子どもを欲したときの将来の自分かもしれないことを、よく認識する必要がある。

陸上要員にのしかかる「体力の男女差」

次に「体力」に関連する事柄だ。これは陸上要員で圧倒的に多かった。シンプルに「1

学年の時はずっと走らないといけなかったから足が痛くなった」「訓練、学生舎生活は体力的にキツかった」「体力勝負でどろんこになって、という訓練がどうしても好きになれなかった」などという意見はもちろんある。腕立て、匍匐前進、銃を持って走る「ハイポート」……どれもしんどい。海上・航空とは少し異なり、体力至上主義のきらいがある陸上要員での退職者の中には、「航空だったらやめてなかったと思う」と話す者もいるくらいだ。

行軍では「元々靴擦れをしやすかったので1学年のころから半長靴が足に合わなくて本当に嫌だった。眠い中、痛みと共に強制的に歩かされる、黙々と歩いていて何やってんだろうって毎回思ってたし、なんとかこなしてた空しい感じがあった」「幹部がこんな百キロとか歩いて敵陣地に乗り込もうとしてる時点で戦争には負けてる。結局精神を鍛えるためだけのもので、それでこんなに心身をすり減らすのって意味あるのかなと思ってた」などの意見が寄せられた。

余談だが、卒業後、出産を経験した同期たちと「行軍と出産、どっちが楽だったか」という話を何度かした。結果は半々くらいだった。私自身はかなりの安産だったこともあり、断然「出産の方が楽だった」派だ。女子にとっての行軍はそれくらいキツい。

また、何人かから挙がった「怪我」については、男女問わず防大生は怪我が多いのは確かだが、個人的には比率としては女子の方が多いように思う。単に「怪我をして痛かった」からつらかったという意見もあったが、「怪我をすると普通の防大生活が送れなくなる。なんとかついていくのに必死だった」「周りに負担をかけて『何してんだ自分』と落ち込んだ」ことを苦しい思い出として挙げる者もいた。ただでさえ、男子に後れを取っているところ、さらに怪我をすればその心理的負担は増すことになる。

「体力がないことで男子についていけないことに起因するつらさ」を挙げる声も多かった。いくつか紹介しよう。

「自分は足が痛くなったときに受診して走らなくなったけど、周りには足が痛いのに走ってる人がいて、自分が甘えてる感じがしてつらかった」

「競技会の練習中、『お前がお荷物なんだから』と言われた」

「行軍中靴擦れを起こし、足の皮はベロベロ。必死に歩いてたが、後ろから荷物を持ってくれた男子にお礼を言ったら『これだから女は』と言われた」

「どの学年になっても結局体力勝負の競技が多い。どんなに頑張っても自分が足を引っ張っているのが耐え難い。自分の分の荷物を男子に渡して、男子が荷物を二つ持って走っているのに、ビリになってチームの足を引っ張る。それが屈辱だった」

「男子から『体力ないんだから、もっと自分ができることを積極的にした方がいいよ。じゃないと男子とうまくやれない』と言われた」

「学力ではトップだったのに、戦闘機搭乗訓練の順番決めの際に女だからって理由だけで最後にさせられた」

「いざ作戦を考えるというとき、当たり前のように『じゃ、お前は見張りな』と言われた。作戦なら私にだって立てられる。でもそこですら戦力外とみなされる。何も来るわけがない山の中で突っ立って涙を流した」

「『行軍中、女子はＲＡＭ（個人携帯用対戦車弾、約十三キロある）とか持てないんだからさ、もっと下手に出ろよ』と言われた」

など、枚挙にいとまがない。

体力の部分は、どう頑張っても補えないところがある。それに直面して苦しみ、男子学生からの「何気ない」一言にまた傷付く。おそらく、上記の発言をした男子学生は、自分がそのような発言をしたことを覚えていないだろう。ましてや言われた側の心に傷を付けたことなど想像すらしないだろう。

「これだから女は」　男子からの耐え難き視線

「つらかったこと」として、「アンチ女子学生の目に留まること」と回答した者もいた。防大には、一定数「女子だから」という理由だけで存在を一段下に見る男子学生が存在する。自分に自信を持てない状況下では、自分に否定的な者の存在がより大きくクローズアップされる。

個人的な経験としては、女子学生を一段下に見る発言をしがちなのは、普段は「お前は頑張ってるよ！」などと声をかけがちな男子学生で、自身にも余裕がないときには急に「女子サゲ」になる傾向があった。行軍はその最たる例だ。行軍では六人ずつ程度の分隊に一つずつ、機関銃（九キログラム）とＲＡＭ（十三キログラム）が渡され、目的地まで持ち運ばなくてはならない。分隊員で持ち回りをするが、そもそも背のうと呼ばれるリュックも十数キログラムあり、四キログラムの小銃も携行しているので、女子はそれ以上の荷物をなかなか持つことができない。男子学生自身も決して楽とは言えない状況の中、「女子学生がいる分こちらに負担が増えている」とイライラし出すと、上記のような発言が飛び出しがちだった。

取材の中では、「『これだから女学は〜』と言ってた奴に限って、卒業後に会ったら『俺普通の女と結婚したんだけど、めっちゃ弱いしすぐ文句言うし。防大の女子って頑張ってたんだな』とか言う。女関係で痛い目見たのかな（笑）」などという声もあった。

さて、体力差、またこのような発言を許す風潮は、女子学生の意識も変化させる。

「女子を下に見てる感じ、女子はいらねぇとか、邪魔なんだよとか言われてるような感じがずっとあって嫌だった」

「陸上の初歩的な戦闘戦技訓練が始まり、肉体的な男女の相違をいやおうなしに実感させられるようになってからが特につらかった。総合的な体力は平均的に男性の七二％しかない、関節や骨格、筋肉の構造が異なるという前提を認識していないまま、同期の中で対等に扱われたい、同じ基準を満たしたい、または満たさなければならない、でもできない、という葛藤があった」

「同期に助けてもらってばかりの自分が情けなく、そんな人間が指揮官になって何ができるのかと卑屈になった」

「訓練はついていくのがやっと。かといって勉強面で優れているわけでもなく、自分は価値のない人間だと思い込んだ」

男子学生に付いていけないことで、自分が「劣った存在」であると捉えてしまう女子学生が多いことが見て取れる。「十分頑張っている、そこまで思い悩む必要はないのに」という女子であってもだ。

ちなみに、訓練の悩みとしては、陸上は上記のように圧倒的に体力だが、海上の訓練では「船にはワッチ（見張り勤務）があり、夜寝られないことがある。しかも夜寝ていないからといって昼寝られるわけではないので眠かった」「シャワーや洗濯が制限されるのがキツかった」という声があった。航空からは、「つらかった」経験として訓練の話は一切挙がらなかった（「訓練でつらかったことは何ですか」と聞けば出てきたのかもしれないが、今回は誰に対してもそのような聞き方をしていない）。

「女のくせに」と目立てば悪評

そんな環境下では「頑張る前に頑張ることを諦める」女子も出てくる。

「本当は意見を出したりまとめたりするのが好きなのに、自分が女子だからという理由でそれができなかった。女子がリーダーになったらみんな嫌がるから」

「同期の女子が学生隊本部で役職に就いた。すると『女子のくせに』とか、『どうせ女子は内恋してるからダメだ』という批判が飛んだ」

「目立つ女子の上級生がいろいろ言われているのを聞いていた。頑張って目立てばこんな風に言われるのかと思って前に出るのをやめた」

このように、入校ほどなく、「女が目立つのは大変。そして目立ったら目立ったで悪評が立つ」ことを学ぶ。結果、「女性は一歩引く、我慢するものというのが植え付けられた」と話す者もいる。このような状態で「私は頑張って上に立とう」と思うには、相当の気力がいる。もし防大が、「それを乗り越えられないような女子学生はどうせ使い物にならないからいらない」と考えているなら、十分にその成果は発揮できていると言える。

ただ、女子は訓練で優秀な成績を修められないのかというと、そうとも限らない（やはり陸上では難しくもあるが）。ある者はこう振り返る。

「自分は訓練が好きで、成績もトップだった。そうなると女子にも馴染めず、男子からも浮いてしまい、ずっと孤独感があった。男子にできない作業を教えて『すぐできるようになるよ』と言ったら、『俺お前より舟漕げるし』と返されたり、ライバル視されていた」

ただ、そんな優秀な彼女であっても、「自己肯定感の低下に悩まされた」と言う。

「上の期の人に『お前はできるんだから、できない人の分もやれ』と言われて、それが自分のキャパシティなんだと思った。が、すぐに手が回らなくなった。防大生はすぐに『できる』『できない』を判定するから、『私はずっとできなきゃいけないんだ』と思ってしまって苦しくなった。ちょっとしたことが自分を責める材料になった」

優秀であれば楽、とも言い切れないつらさが浮き彫りとなった。

ほかにも「何やっても目立つし、いいことは称賛されないけど悪いことはすぐ噂が回って居づらくなる」「私はかなり努力した。それなのに大した努力もしてない男子より下に扱われるのが我慢ならなかった」などと言う者もいた。

女性としての振る舞い

自衛隊、と聞いて一般に想像するのは、厳しい男口調による命令だろう。「～しろ！」「お前、やる気ないのか！」――こういった言葉を、防大では普通に女子学生も使う。「言葉が汚くなるのが本当に嫌だった」と話す者は何人もいた。

「女性というものを失っている気がして、そこに染まらないようにしていた」

「身だしなみも大事だとずっと思っていたけど、防大ではそれが軽視されていた。後輩には『女性を捨てて男性化しないといけない』という洗脳を解きたかった」

ただ、防大で女性性を保つというのは困難なことでもある。取材では、「女子の一期は言葉遣いも完全に男で、それは違うと思ってた」と話す四十期代前半もいたと述べた。少なくともその当時から男言葉を使う女性が主流で、一部にそのことへの違和感を持つ女子がいながらも、何ら変わらず今に至っている。

男言葉を使う理由はいくつかある。まず、それが自衛隊のスタンダードであると女性自身が感じていることだ。それが「当たり前」だと感じているため、そこに身を沿わせてしまうのだ。そして、スタンダードからはみ出してしまうことへの難しさもある。

「男子から『何、女を出してんの』と言われた」

「女の先輩から、女子らしいことを注意された」

こういう声は確かに聞かれた。要するに、自衛隊においては男言葉を使う方が楽なのだ。

私自身、すでに自衛隊を離れて十年が経ち、普段はなるべく女性らしい言葉遣いをと意識している（と言っても夫はおそらく信じないと思うほど口は悪い）が、防大の同期や後輩と話すときには、つい荒っぽい言葉が口をついて出ることがある。また、防大では後輩の名前を名字だけの呼び捨てで呼ぶのが普通だが、今回の取材で諸先輩に話を聞く際、初対面でも「松田は……」とこちらの名字を呼び捨てにする先輩が多かった。おそらく、一般社会では大学の後輩に対しては「〜さん」と呼ぶだろう。その辺りが「あぁ、防大の感覚だなぁ」と感じた。

　中には、「防大で求められる（と感じている）リーダー像」を捨て、女性らしくあろうとした者もいた。

「小隊長の美学としては荷物を持って、無線機も担いで、隊員を率いてっていうところにある。でもそれはできない。そこで女である自分から離れていったら、足元が崩れてなくなっていくような感じがして、女を捨てるのをやめた。理想としたリーダーになれなくて、自分でもなくなるなら、足元は地につけておこうと決めた」

　ただし、彼女は「でもそのあと、どうしたらいいのかということは分からなかった」とも振り返り、その後自衛隊を去った。

　次に、「女子だからよかったこと」も述べておこう。これについては単に「よかったこと」を聞くだけでは出てこなかったので、あえて聞いてみた。

「私はむしろ女だったからリーダーシップを経験できたと思っている。男だったらライバルが多かった。女だからちょっとがんばれば目立つっていうのはあった」

「女子は怒っても、怒られた方が動けなくなっちゃうほど怖くはない。そういう意味では後輩指導という面ではいい風に働くこともある」

「男子とは違った目線で物事を見られる」

「人数が少ないため、全員が協力して仕事をすることで全員が大きく成長できる」

男子に寄り添った意見も聞かれた。

「『お前みたいに努力しなくても何でもできる奴に俺の気持ちは分からない』とも言われたことがある。男子には『女子には負けられない』という思いがある。そういうのを押し付けられている男子もかわいそうだと思う」

確かに、女子である以上、体力がなくても、リーダーシップに欠けていても、それが「女子だから」という理由で免責される向きはある。他方、男子ではそうはいかない。性別を理由にできない以上、評価の差はそのまま個人の優劣として受け止めなければならない。その苦しみはまた女子とは異なる次元のものがある。

その他、「トイレやお風呂が空いている」「日朝点呼でTシャツを着られる」などという施設や規則への言及もあった。圧倒的に女子の数が少ない利点として、確かに「女子トイレに長蛇の列」という事態が起こらない。時間に余裕のないときなど、混んでいる男子トイレを見て「男子は大変だな〜」とほくそ笑んだ女子は多いはずだ。

「逃げ場」があればつらさも乗り越えられる

　また、現役の防大生の中には「女子であるからよかったと思うことはない。それは逆に考えると、女子だからしなくてよいなどの隔てがなく、男女平等に機会が与えられ、特別扱いされないということを意味するため、その点が一番よかった」という意見もあった。「女子だから苦しんだ」というテーマについては四十期から現役防大生に至るまで、回答の内容にほとんど変化はなかった。一方、「女子だからよかったこと」において現役防大生からのみこういった前向きな発言が飛び出していることは、少しずつでも意識が変わりつつあるという意味で防大女子にとって朗報だろう。

　取材した中には、「つらいことは特になかった」という猛者（もさ）もいた。

　私が記者時代に宝塚歌劇団ＯＧに取材したとき、「つらいのが当たり前だったから、それを『つらい』と言う人なんていないわ」と言っていたのが印象的でよく覚えているが、それに通じるものがあるようだ。

「想像通りだったから、別につらいというほどではなかった」「みんなと仲良く過ごせたから、当時はつらいこともあったような気がするけど思い出すのは楽しかったことばっかり」など、いい思い出として振り返る者はそれなりにいた。また、「つらいことはあったと思うが、思い出せない。克服したか、なかったことにして乗り越えたか……。続けていると記憶が上書きされる」と話した者もいた。

さて、「つらかった」者と「そうでもなかった」者、同じ環境下にいながら一体何が彼女たちの意識を分けるのか。ある程度の優秀さ、あるいは「別に何言われようが気にしない」という鋼のメンタル。前者を正しく言い換えるならば防大にはびこる女子学生蔑視の視線を跳ね返せる何かであり、それが優秀さであることが多いという意味合いだ。

防大生活を楽しかったと振り返る者は、その全てが知力体力共に抜きん出ている者、というわけでもない。が、「訓練でトップだった」であったり「男子って馬鹿だな～と思って見てた」であったりと、男子と比較して自分を卑下する気持ちを持たない者が多かった。自分の振る舞いも「男子にどう思われようが、『あいつ仕事早いな』とだけは言われるようにはしてた」などと、割り切れる傾向がある。

全体を通して防大生活を乗り切るための秘訣として圧倒的に多く寄せられたのが、「逃げ場」の存在だ。同期の存在、校友会、休日など人によって違いはあれど、多くの者が「ここだけが逃げ場だった」「唯一リラックスできる場所だった」と言える場所があった。

人によっては「事務室の人と仲良くなって、匿ってもらったこともあった。それに救われてた」などと話す者もいた。

　そして防大生活をとてもつらいと感じていた者は逆に、「逃げ場がなかった」と話す。「仲のいい人はそんなにいなかった」「素の自分を出せなかった」などと回答するケースも多かった。「男女共にうまくやっていた」と振り返る者は、「やっぱりコミュニケーション能力が重要。それは防大で育てるというよりは元々持っているかどうかだと思う」と指摘する。もちろん相性の問題もあるが、やはり対人関係は大事なようだ。

　加えて、特に現役自衛官からは、「決められたことをこなす」という日常生活を送っていることに対してもっと肯定的に捉えた方がよいという話があった。

「やるべきことをやることに尽きる。勉強にしても訓練にしても、最低限でもいいからきちんとやる。もし、防大生活を乗り越えるためにそれ以上の秘訣を求められるなら、それはよくないこと。理不尽に耐えるとか、そういう秘訣は今後はない方がいい」

　やるべきことをやっていない防大生はそうはいない。その点については確かにもっと胸を張るべきだろう。

防大教育は変わるべきか

ここまで、防大の教育と、生活の中で女子学生に芽生える意識について見てきた。

さて、防大は変わるべきだと思うだろうか。防大教育の中の評価すべき点と改善すべき点をそれぞれ聞いてみたところ、さまざまな回答が得られた。

もちろん、防大ができて七十年、女子の入校が認められてからまもなく三十年が経過し、変化していることも多い。とりわけ最近では、「上級生が下級生に指導しづらくなった」「教官が介入してくることが増え、自主自律の精神が弱くなってきている」「理不尽な指導は減った」などの声がよく聞かれた。

やはり、時代の流れとして、なかなか厳しい指導はしづらくなっているようだ。二〇一一年に卒業した私の期においても、「暴力を振るってしまったら、どんなに正しいことを言っていても裁判では負けるから殴るな」と言われたものだが、その風潮はさらに強まっている。ある者は「同期が大隊指導教官として着任したが、『弁護士と親との調整ばっかり。防大は変わってしまったよ』と言っていた。学生もすぐ親に言うし、親も敏感になってるんだろう」という声もあった。

とはいえ、どれだけ時代が移ろっても、おそらく防大が「学生の成長だけにコミットした組織」であることは変わらない。防大のある現役職員は、「これまで多くの部隊や地方協力本部で勤務してきたが、そこで優先すべきはなんといっても国民だった。それが防大では学生ファースト。我々職員も『学生のために何ができるのか考えろ』と言われる。そこは部隊とは全然違うところ」と話す。

さて、話は戻ってまずは評価すべき点、そのままにしてほしい点から見てみよう。意外なことに、「基本的にはそのままでいい」という声が複数あり、多くの者が防大生活を評価していることが分かった。

つらかったこととしても挙げられた学生舎生活、縦割りの人間関係については評価する声が多数に上った。「つらいものではあるけれど、幹部自衛官としては必要」というのが大多数の見方だ。「そういうことを乗り越えたからこそ、自衛隊をやめても尊敬されるし、今も同期とつながっていられる」「同じ空間を共有したからこそ、ずっと人脈がつくれる」「理想を語りつつ、無邪気に真剣に遊ぶところはそのままにしてほしい」「人を思うことができること。その姿勢は変えてほしくないし、変わらないとも思っている」

極めて人気のない腕立て伏せや清掃すら、評価の声が上がる。

「腕立てをすることになった要因分析、課題設定、問題解決のための打ち手を考えさせ能力を身につけた方がいいという人もいると思うけど、人として当たり前にダメだろってことをした際の反省は残していい。戦場だったら死に直結するから」

「部隊に行ったときに清掃雑務をしてくれる曹士の気持ちを少しでも分かってあげられるし、掃除そのものが教育効果が高い。掃除すれば汚さないようにも心掛けるし、他人に対する感謝にも繋がる。ちょっと防大ではやりすぎでピントがずれてるところもあるけど」

ほかに複数挙がったのは対番制度だ。下級生から上級生への思いだけでなく、「下対番がいたから、その子のために学校をやめずにいようと思えた」という意見もあった。

あとは精神論や国防意識の醸成など、防大特有の教育によって心身共に成長したと振り返る。具体的に育まれたものとしては心身の強靱さ、自主性、チームワーク、国防意識、ユーモアなど多岐にわたる。

「自分一人の無力さを知り、チームで物事を成し遂げる尊さを学んだ」

「学生主体の生活なので、どう効率よくやっていくか、実践的に考えることができた」

「幹部は部下を守るという観点のリーダーシップ教育。実際の部隊では必ずしもそうではないからこそ、その理想を幹部は持ち続けるべき」

男子と同じ生活、訓練を行うことによって女子学生の苦悩が生まれることは上述の通りだが、だからといって「訓練を男女別に」と求める声は一切挙がらなかった。特に現役の自衛官ほど、そういう志向を述べていた。

「男女平等の訓練の経験なしに任官し、部隊を訓練する側になる方が危ういと思うので特に変更は必要ない。男性を女性の基準に合わせて訓練しても訓練の生ぬるさはいい加減さを生むだけ。また、女性だけ、または能力値に応じて組分けごとに強度の違う訓練をするというのは、自分たちにできる範囲で物事をやればいいんだ、という勘違いを生んでいく危険がある」

「男子と同じ教育を受けてきたことで部隊で胸が張れた。もし別の内容だったら、男性隊員の部下に対して、少し後ろめたさを感じたかもしれない」

なぜ理不尽な指導がなくならないのか

次に、変えてほしい点についてだ。学生舎生活を評価する一方、その生活に改善を求める声も相次いだ。

「ちょっとのことで追い詰めるのはよくない。衣食住全てがそこにあって逃げられないという環境なのだから」

「陰湿ないじめにも似た人格否定や身体的体罰」

「オン、オフが年々なくなり、メリハリのない今の学生舎生活を見直すべき。やるときはやるのが防大生の魅力なので、下手に自由度を失っていくのは、発想力の低下につながる」

授業についても意見が挙げられた。「カリキュラムが一方的すぎる」と話してくれた人は複数。柔軟性を求める声があった。

ある者は「日本的な受動的な授業。一般的な学科の授業はほとんど仕事には生かされない。定義、意義、重要性、理想像を一方的に覚えても、ただの気怠い授業でしかない。主体的に問題意識を持って周りを見られる、問題認識を持ったときにどんなアプローチができるのか、自分自身のパフォーマンス、また将来の部下のマネジメント手法などに関するクラス、ゼミがあるといい」と指摘する。防大卒の女性自衛官の中にも、ＭＢＡコースで修士号を取った者もいるが、今後女性が活躍するためにもそういう組織論的な視点は必要なのかもしれない。

そのほか、「評価基準が明確ではない」「好みやレッテルによる評価が横行」など、評価に関するものや、「学業が軽視されている」「英語教育をもっと強化すべき」「将来の仕事についてイメージさせるためにも防衛学と訓練をもっと充実させた方がよい」「もっとアカデミックな場所でいい。一等陸士のような戦闘訓練の教育よりも、自衛隊という組織自体の話、職種の話、一般的な組織論等にもっと焦点を当てるべき」といった意見があった。

評価が分かれた点もいくつかある。中でも一番議論が分かれたのは、指導における理不尽さについてだ。

なぜ理不尽なことを、そうとわかっていて指導するのか。それは、自分の頭で「これは間違っている」と思ったとしても、指揮官と一兵卒では与えられた情報も視野も異なり、実際の戦闘で各人が自分の思うように動けば、それは部隊の全滅につながりかねないからだ。そのため、防大では、「とはいえ理不尽さは必要」という教えが主流だ。

取材でも多くの者が「理不尽さの教育はそのままにしておくべき」と述べていた。指導教官経験者の中にも「今の学生は理不尽なことを嫌う。全てのことに意味付けを求め、理由がなければ動けない。『これは何のためにするんですか?』とすぐ聞いてくる」と嘆息する者もいる。

ところが興味深いことに、自衛隊勤務もベテランに入るような女性たちを中心に、「理不尽さは必要ない」という声も複数挙がった。

「当時は『自衛隊だからこういうものか』と思っていたが、やっぱり理不尽はダメだ。今は自衛隊でもいろいろセクハラやパワハラの教育をしているが、学生のときはそんな教育を受けたことがない。ハラスメント教育を受けてない上級生に下級生の指導をさせるべきではない。部隊にはめちゃめちゃ怒鳴る人というのはいて、『防大の指導はこれに耐えるためだったんだな。やっぱり必要だったんだ』と思ったこともあるが、そもそも部隊でそういう指導をする必要はなく、だんだん減ってきてもいる。部隊でそういう人がいなくなれば、防大でも理不尽に指導する必要はなくなる」

「理不尽な状況というのは、自分ではどうしようもない環境の中で、第三者的に自分の置かれている状況を見る力がつく。ちょっと前までは『あれがあったから少々のことは耐えられる』と思っていたけど、人を育てるという観点では理不尽さからは何も生まれない。厳しい指導はありだけど、わけのわからない指導はなしだと思うようになった」

「『上級生の言うことは絶対』という考えはもう時代遅れ。将校になるような人間は言葉で人を動かさなければならない。『いいからやれ』では成り立たない。世界は甘くなくて、強制することでしか成り立たないような組織ではダメだ。みんなで力を合わせないと勝てない。下級生だって意見を言う義務があるはずだ」

ここでは、みな一旦「あの理不尽さは必要だったんだ」と思いながら、部隊経験を重ねるうちに「いや、やっぱり必要ない」と変わったさまが非常に印象深かった。

もっと必要な「外部との接触」

「理不尽さ」と似たような事項では、上級生の指導力に言及する声もあった。

「防大の上級生が下級生を指導するやり方は、今までされてきたことを上級生になって自分がやるだけの見取り稽古からの指導になっている。それで何十年もレベルが低いままになっている。防大における学生指導のやり方は体系的なものに直す必要がある。部隊に行ったときに間違ったやり方だと、ベテランの隊員や若い隊員を指導できない」

「ガムシャラとか有事への備えというのは何となく分かるけど、今は平時。天災は有事だが人災は有事になり得ない。わざと指導して圧迫させるのは、理不尽に慣れさせるという目的からは遠いんじゃないかと思う。ちゃんと論理的に、何が悪いのかということを教える対象を言って、説明して見守るというか、教育論みたいなのがあった方がよい」

「上級生の指導力のスキルアップが必要。人をまとめる人間として、もっと語彙力をつけた方がよい」

このように否定的な意見が目立つ一方、

「自分が『指導』というものに向き合い、考えて実践していくことで成長を実感できた」

「未熟な人間に指導される理不尽や、自らの指導能力不足に悩む機会は貴重」

と評価した者もあった。

次に、閉鎖的な環境について。「外部との接触」を欲する声は複数あった。

「一般の大学生と比べて閉鎖的すぎる」

「外部との交流があると自分の気付きにもなるし、将来のことを考えるきっかけになる」

「地域住民や社会と関わる機会を持つことで、自分がどういう目で見られているのか、期待されているのかということが分かってモチベーションも上がっていくと思う。防大生だけで固まっていると、自分がどういう存在なのか分からなくなる」

防大を1学年時にやめた者からは、「集団生活の実態をもっと情報公開してほしい。オープンキャンパスでは、質問もできたけど、事務職っぽい人が担当で、実態が全然分からなかった」と話すなど、防大からの発信を望む声もあった。

ただし外部との接触がない点については「自衛隊だから仕方ない」「決められたカリキュラムをこなすだけで時間がなくなる」などとする意見もあった上、「外と接したらみんなやめちゃう」「自由を制限されているからこそ、誘惑が少なく勉強ができる」との指摘もあった。私自身も開校記念祭の実行委員長だったが、「実行委員長をやるような奴は外への関心も高くて自衛隊やめがち」と言われたことがある。私も含め、実際やめている人間も多いので、あながちその指摘も間違いとは言えないのかもしれない。

悩める「防大女子」に必要なものとは

そして最後に男女の違いについて。まずは変えなくていいという意見から。

「私たちが女性であることについて悩み考えたことも含めての資質教育。そこは変えなくていいと思う。男女の違いについて教育をしてしまうと押しつけになるし、大学時代にそういう教育を受けても効果があるのか疑問。結局は自分で乗り越えていくものだから」

「女性がバリバリ働こうとすると、遅かれ早かれどこかでぶつかる壁、どこかで傷を負う。防大ではそれが早かったというだけ」

「防大で教育を受けたとしても、部隊ではより強固な女性蔑視の視線を投げかけてくる者もいる。万人に受け入れられることはない」

次に、変えてほしいとする声。

「体力差があることを指導教官が考慮し、学生にそれを当たり前のことと理解させる必要がある。訓練で足手まといになる女子はいらないという短絡的な思考に走らせないために、なぜ女性の指揮官が必要なのか、どのようにすれば共に訓練を乗り切れるか、男女が協力する班（社会）ではどんなことが生まれるのか、論理的かつ丁寧に話をすることが必要なのではないか」

「『女子はいらないという認識は絶対に間違っている』と女子学生自らが思えないことには始まらない。そのためには女子学生というマイノリティーの価値が十分に認められ、活躍できる仕組みを意図的に作るべき」

「防大では男女平等と習うが体力面とか特性とかはやっぱり違う。気持ちとしても、『男女でも仲間！』ってノリだったが、部隊ではそれが通用しないことを知った。正しい男女のあり方を教えるべき」

「私に限らず、陸上要員の女子学生は、『女であることを捨てなければいけない』と思ったことがあったはず。自分は『女子であることを偽るのは正しくない』と感じて女を捨てることをやめたが、私にはその続きが分からなかった。女性自衛官はどうあるべきかを考えても、ずっと堂々巡りになっていた。もしそのヒントがあれば、それを示してほしかった。ヒントがないのなら、それを見つけて、さらにそれを防大全体に説いてほしかった」

人が変われば見方も変わるのだな、と改めて思わされた問いだった。誰かにとっては正しく、誰かにとっては正しくないことがある。全体的な傾向としては、やめた人ほど問題意識があり、続けている人ほど当時の思いが消化されている節があった。総じて、「今の学生は私たちのときより楽になっている」と述べるが、それは社会の変化に加え、日々よりよい防大をみなが追及している成果だと思いたい。世間の風潮からも暴力指導が許されることはもうないだろうが、あまりに「楽」だとなると、それを引き戻す力が働くことも、これまでの防大の歴史が語っている。

防大を志す女子たちへ

第三章の最後に、取材を受けてくれた者たちから、現役の防大生やこれから防大を目指す者へのメッセージを聞いてみた。数としては「たとえ自衛隊をやめても、防大で培った思い出や根性はその後に生きる。入ったからには頑張れ！」というニュアンスのものが多かった。自衛官として生きていくためのアドバイスより、「やめたっていいんだよ」というメッセージを発する者の方が多いことがとても印象的だった。いかにやめていく者が多いか、幹部自衛官として生きていくことが困難なのかが、そこからも読み取れる。

進学に関しては、「深く考えずに防大進学を決めた」という者の方が進学後に悩んだり退職したりするケースが多かったことから、とりわけ退職者からは「いろいろな世界があることを理解した上で自衛隊という選択をしてほしい」「大学の先をキチンと詰めてから目指すこと」といった意見が多かった。「貴重な経験はたくさんできるが、一般的な大学生活はできない。失うものもある。それを理解して入ることをお勧めする」という目線だ。

もちろん中には「幹部自衛官になりたい、幹部自衛官の仕事がしたいというビジョンがあって防大に進学するのが一番理想的であり、後悔がないと思うけど、なんとなくやってみたいなって気持ちで挑戦してみてもいいと思う」という声もあった。「とりあえずやってみて、やめたいと思ったらやめればいい」「やめたって根性はついているから、どこでもやっていける」「自衛隊でも民間でも防大女子としてのオリジナリティを発揮できる」と彼女たちは言う。

ただし、「もし、自分が求めるものがないのであれば、自分の中でリミットをつくること。だらだら続けることは、損。後悔につながる。自分の周りでは三十歳ぐらいまでにやめた知り合いは、比較的自分の望む形で第二のスタートを切っているように感じる一方、悩んで決断できずにいる人ほど、選択肢がなくなっているように感じる」と話す人もあった。

生活面では、「防大の四年間は長いようで短く、短いようで長い。集団生活だからこそ、周りに流されすぎず、芯を持って生活することが必要」「思考停止をしないこと。周囲に流されすぎず壁をつくらず、信じた道を歩いていってほしい」「つらいこともいつかは糧になると思って前向きにチャレンジした方がいい」「自分自身はもっといろいろ考えて防大でしかできない体験に打ち込むべきだったなと後悔はある。ただ何か一生懸命になってやれることがあればいいのかなとも思う」といった主体性の発揮を求める声が多かった。

実際、「どうやって防大生活を乗り越えたのか」という問いかけに「気が付けば時間が過ぎていた」「流されただけ」という答えは多く、このアドバイスには「もっといろいろなことができたんじゃないか」との自らの悔恨も含まれていると感じた。

またここまで、学生舎生活や校友会に重きが置かれていることを紹介したが、アドバイスとしては、勉学や幹部としての資質を伸ばすことを重視する声が相次いだ。「最優先は勉強。訓練は基本動作と体力維持さえできていれば、学生舎で習うようなことは将来必要ない。自衛官に必要なものは、幹部候補生学校できちんとした教育体制で教えてもらえる」「自分は胸を張って勉強したとは言えず、それが心残りだから」「防大は資質教育がメイン。そうでなかったら防大の意味はない」と言う。

ある者は「四年間で学んだ自衛隊的なことは、ほとんど何も身につかなかった」と振り返る。そのような状況では「勉強が一番自分の可能性を広げる行為」となる。何か一つでもプライドを持てるものがあることは防大生活を送る上で強みとなるが、女子学生にとってはそれが「勉学」であることが多いことも、勉学を推奨する理由となる。また、部隊に出れば、その「勉学」が自分の可能性を広げることもある。

意識の上では、「自衛官も防大生も一般人と変わらないという認識を持つことは重要」という意見があった。「自衛隊や自分への理想が高い者ほど自衛隊を去っていく」からだ。他方、「他大学の学生と比較せず、自分が防大生であるということに誇りを持ってほしい」という反対の意見もあった。

どちらの意見も理解できるが、誇りを持つ場合には、自分の能力がある程度伴わなければ苦しくなる。また、前者のような「自衛官もたくさんあるうちの仕事の一つ。私は生きるために自衛官をやっている」という割り切りは、自衛官を続けるための一つの考え方にもなる。

第四章

「防大女子」はどこへ行くのか

帽子投げで有名な防大卒業式典（「防大タイムズNO.210」より）

第四章では、防大女子たちの「その後」を追うこととする。すなわち、①卒業前に防大を去った者、②卒業はしたが自衛官にならなかった者、③幹部自衛官になり、自衛官を続けている者、④幹部になったが自衛隊を去った者、である。

卒業前に防大を去るという選択

まずは、卒業前に去っていく者について。入校した女子学生のうち、全体では三人に一人は卒業前にやめている。非常にインパクトのある数字だ。第二章でも紹介した通り、卒業前に防大を退校するのは、その大半が1学年時だ。理由として最も多いのは、「自分とは合わなかった」というもの。「生活リズムが合わない」「集団生活がつらい」など、時に「防大が大変だなんて、行く前から分かってたでしょ」と言われることもあるというが、ある程度の覚悟はしてきたとはいえ、想像と実際に経験したものとはやはり違う。

また、「自分とは合わない」とは、必ずしも「想像以上につらかった」というネガティブなものばかりではない。「自分の理想としていたものと違った」という意見もある。例えば多いのは災害派遣について。軍事というものがある種タブー化している日本で、かくも自衛隊の好感度が上がったのはまさしく災害派遣の賜物と言っても過言ではない。取材の中でも「災害派遣のニュースを見て自衛隊っていいなと思った」との声は複数あった。

しかし、防大では災害派遣についてはほとんど何も学ばない。唯一、防災の日に丸一日をかけて災害対処訓練が行われる程度だ。災害派遣は確かに、自衛隊の本来任務ではあるのだが、その位置付けは「従たる任務」。「主たる任務」は日本を守るために行う防衛出動のみとなっている。まずは主たる任務について学ぶ、ということは何も間違ったことではない。ところが、災害派遣での自衛隊員の姿に憧れて防大の門を叩いた者にとっては、自分の思いとの乖離に苦しむことになる。

「本人の理想が高すぎた」というものもある。自衛隊は素晴らしい、士官候補生たる防大生はみな、国防意識に燃えている、と思って入校し、現実に失望するタイプだ。入校直後は必死で周りのことを見ている暇がなくても、ほんの一カ月もすれば少しずつ周りを見る余裕や、手を抜いてもいい箇所が分かってくる。意識の低い人間も出てくるし、要領よく楽をして過ごす上級生もいる。ある者は「防大生として私が正しいはずなのに、理想論を言えば周りから浮いてしまう。なんでなんだろう、とつらくて泣いた」と振り返る。

やめる際には、最終日まで他の生徒となんら変わらない学生生活を過ごしてやめていくパターンと、ある日急に姿を消し、そのままやめていくパターンがある。前者の方が圧倒的に多いが、後者も常に存在する。また「ある日急に姿を消す」というのは、指導教官との話し合いのもと、退校が認められるまで実家で過ごすパターンと、ある日突然防大を逃げ出してしまう「脱柵」とがある。個人的な印象としては、周りの同期に何も告げず防大を去って親元に帰るのは女子の方が多く、脱柵は男子の方が多い。

とりわけ脱柵は、周囲にも衝撃をもたらす。特に同じ部屋に住む学生や近しい同期にとっては、「そんなに悩んでたのに気付いてあげられなかった」「自分は信用されていなかったのか」と自分を責める材料にもなるようだ。

とはいえ、1学年時にやめるのは、周りにとってもさして驚くべきことではない。周囲も残念だ、寂しい、などとは思いながらも「あぁ、合わなかったんだな、仕方ない」と見送ることになる。だが、2学年以降にやめていくのはある程度の驚きを持って見られる。「え、あのしんどかった一年を乗り越えたのに、今!?」と。正確な数字はないが、2学年以降の退校は女子学生の方が割合的には多いように感じられる。

怪我、持病、「ピンク事案」……やめる理由は様々

退校理由は様々だ。まずは身体的な話として、怪我が挙げられる。防大生活を懸命にこなすうちに、日常生活に支障を来たす怪我を負うこともある。ただでさえ体力資本な環境

にいて思うように動けないとなれば、辞するという選択肢もやむを得ないだろう。

怪我の原因は訓練、校友会活動など様々だが、怪我人の割合はかなり高い。怪我そのものに加え、怪我によって周りに迷惑をかける、後れを取ることなどへのつらさがある。

中には、持病の悪化を挙げる者もいた。

「元々薬を必要としていたが、防大では消灯後くらいしか身体をケアできない。毛布はいつから使ってるのって感じだし、決して清潔とはいえない環境でそんな状況だということに加え、精神的なストレスも影響して入院するほど悪化した。指導教官から『その状態では任官できないかも』と言われ、もういいやと思った」

他の理由としては、「男女関係」もある。第三章でも少し述べたが、まずは不祥事だ。学生間の恋愛が雰囲気的に認められていない防大では、男女による帰校の遅れや校内での性行為が露見した場合、厳しい処罰を受ける「事故」の中でも「ピンク事案」と呼ばれ、極めて冷たい目を向けられる。その視線にいたたまれず、防大を去る者もいる。

また、つらい環境の中で、恋愛に逃げ場を求める者もいる。「いつか彼と結婚する」という気持ちが、「もうやめてもいいや」と彼女たちの背中を押すことになるのだ。

「ほかにやりたいことがある」という理由は、あるにはあるが少ない。中には「戦闘機のパイロットになりたい」と言ってやめた者もいたが、こういう者は極めて稀だ。

卒業後、自衛官にならなかった防大生

防大で一番有名なシーン、それが卒業式典の「帽子投げ」だろう。学生長による「解散！」の声を合図に、四年間のつらかった思い、楽しかった思いを込めて一斉に帽子を高々と上に放り投げる。「四年間、やり切ったぞ！」という思いが、この瞬間に頂点に達する。米ウエストポイント陸軍士官学校を真似て始まった帽子投げだが、防大生にとってなくてはならない一大イベントだ。帽子を放り投げた後は、われ先にと全速力で式典の場から駆け出し、学生舎に戻る。防大の制服は全てが官品のため返却しなければならないが、この帽子だけは卒業時に購入できる。

なお、私たち五十五期生は帽子を投げることができなかった。それは、私たちの卒業式が二〇一一年三月二十日、つまり東日本大震災が発生した九日後だったからだ。横須賀市は震度四程度の揺れで、その後断水などの影響はあったものの、防大生は全員が無事だった。ただ当日は外出が許されていたため多くの学生が外に出ており、地震発生後、東京から歩いて防大まで帰ってきた者もいた。

当初は卒業式典も縮小されるらしいとの噂の中、4学年の議論の的になったのが「帽子を投げるか否か」だった。卒業式前、数日間にわたって毎日一時間程度、みなで集まって話し合った。いろいろな意見が噴出したが、結果として「投げない」という結論に達したことは、極めて無念ではあったが、みな納得の結果であったと思う。卒業式当日は、学生長の号令の後、帽子を静かに椅子に置き、行進をして式典会場を後にした。

ちなみに、二〇一六年度からは任官拒否（辞退）者は卒業式典に参加することができなくなり、式典とは別に執り行われる「卒業証書授与式」にて卒業証書を受け取ることになった。これについては「四年間苦楽を共にしてきた仲間なんだから。卒業式くらい出してあげればいいのに」という声も多い。

任官時にも「宣誓」がある

自衛官には、任官するときに必ず行う「宣誓」がある。

〈私は、我が国の平和と独立を守る自衛隊の使命を自覚し、日本国憲法及び法令を遵守し、一致団結、厳正な規律を保持し、常に徳操を養い、人格を尊重し、心身を鍛え、技能を磨き、政治的活動に関与せず、強い責任感をもつて専心職務の遂行にあたり、事に臨んでは危険

を顧みず、身をもつて責務の完遂に務め、もつて国民の負託にこたえることを誓います〉

防大に入校するときにも宣誓があったが、何より特筆すべき違いは「事に臨んでは危険を顧みず」という箇所だろう。死ぬ危険性もある、という恐ろしく重い一文だ。任務の危険性を分かっているつもりではいても、実際に目の前にその危険性と向き合う覚悟のほどを突き付けられると、一瞬たじろいでしまう者もいる。

防大では卒業の前、この宣誓書に署名をする。これをしない者がいわゆる「任官拒否」と呼ばれる存在になる。署名をする時期は期によって違う。私たちの一期上は正月明けになってから署名をしていたが、それでは署名をしなかった者に対して説得を行う期間が短すぎるということで、私たちの代では夏期休暇明けになった。

私自身は一旦「任官しない」と言った後に、翻意して任官し、その後すぐにやめて記者職に就いた。在校中は確固としてほかにやりたいことがあるわけではなかったが、幹部自衛官としてやっていける自信が湧かず、そんな中途半端な状態で部下を持つことを潔しとしない、という感覚が一番大きかった。

「任官しない」と言うと、指導教官の「説得」が始まる。課業時間内の空き時間に、自習時間に、指導教官が来ては「ちょっといいか」と呼び出しを受ける。呼び出す指導教官も小隊指導教官、中隊指導教官、大隊指導教官、他中隊の女子教官、訓練部長、幹事など様々だ。複数の呼び出しを受けた結果、一日の空き時間がほぼなくなることもある。よくそこまで一人ひとりの学生に時間を割いてくれるものよとも思うが、任官拒否をする場合でもギリギリまでそれをおおっぴらにしない文化もあるので、「こんなに頻繁に呼び出されていたら部屋の後輩にバレて気を遣われてしまう」と苦い気持ちを抱くこともあった。

私のように任官拒否を翻すケースもあるし、純粋に教官の思いを聞ける興味深い時間でもあるが、何を言われようが任官拒否を決めているという者にとっては「毎日いろいろ言われてうんざりした」と振り返る者もいた。

呼び出す側も多数となれば、説得内容もまた多岐にわたる。経験上、それはまさに「飴と鞭」だった。「飴」として最もポピュラーなのは、「君は自衛隊にとって必要な存在だ」というもの。「悩んだその経験も生かせる。よい幹部になれる」。おそらく大多数がそう言われているはずだ。自分の存在を認めてもらうことは単純にうれしい。

他方、「鞭」の常套句と言えば、「任官しないのならば今すぐ退校すべきだ」であろう。「お前たちは税金で学ばせてもらっている。任官という義務を果たさないのなら、学ぶ権利はない」。これを言われると返す言葉はない。申し訳ない、でも防大は卒業したい、でも幹部自衛官にはなりたくない、本当に自分は幹部自衛官になれるのか……といったいろいろな気持ちが胸に去来する。

取材の中では、「女性の指導教官が一番厳しかった」という声も複数あった。「『女子であることがつらい』と言ったら、『私たちのときより大分楽になってるのに何言ってんの』ってことを言われた」「『女だからって甘えるな』というようなことを言われた」など。

私自身は女性自衛官から「陸自は確かに三十歳までは首から下だけど、三十歳からは首から上だぞ。お前はそこから活躍できる」と言われたが、当時は「四年間で大概しんどかったのに、ここからあと八年こんなしんどい思いをしなきゃいけないなんて考えられない」と思ったことをよく覚えている。

世間からは見えない「着校拒否」する学生たち

こうして様々なやり取りの末、任官か、任官拒否かと道が分かれる。私も含め、説得などによって任官拒否を撤回する者もそれなりにいる。

これまでの女子の任官拒否者の総数は約八十人。卒業生の総数が約八百人のため、ちょうど一割程度が幹部自衛官の道を進まないという選択をしていることになる。辞退数は女子の方が若干割合が高い。

任官拒否は決して褒められたことではない。一定の批判は向けられる方が健全だ。一番の理由は、防大生を育てるに当たっては多額の税金が投入されているところにある。防衛医大には任官拒否をすると学費を返還する義務が生じるが、防大にはそれもない。民主党政権下で一度、防大でも学費返還を行うよう定めた法案が閣議決定されたが、後に廃案となった。任官拒否をした防大生で、胸を張って「私は任官拒否をした」と言う者はいないはずだ。どこかに後ろめたさを抱える者がほとんどだ。

しかし、任官拒否をすると決めた者に対する校内での風当たりは、存外、厳しくはない。もちろん指導教官からは翻意するよう説得を受ける。それが指導教官の仕事でもある。だが同期や後輩から冷たい目を向けられた、批判されたという声はあまり聞かない。残った者からは「国防意識を持った人が民間に出て活躍するのも、それはそれで日本のためになる」「私はただ続けているだけだから、やめると決断できるのもすごい」との声もある。

毎年卒業式の日にはその年の任官拒否の人数が報じられ、「今年は多い。けしからん」だの「今年は少ない。景気が悪いからだ」だのとしばしば注目される。だが、この論点は防大生からすると決して正しくはない。というのも、防大卒業後、幹部候補生学校でやめる者がかなりの数、存在するからだ。それはこのように任官拒否をするのにも労力がかかるため、防大より楽にやめられると踏んでいる者や、任官当初はやめる気はなかったが、幹部候補生学校に行ってみて限界を感じた者などがいる。

中には、任官すると言って卒業しながら幹部候補生学校に着校しない、いわゆる「着校拒否」も毎年発生する。着校拒否は一度宣誓書に判を押しながら計画的にそれを覆すことであり、また防大で指導教官を何とか説得して任官拒否した者に比べ、楽にやめていくことから、同じやめるに当たってもあまり好意的な目では見られない。

任官拒否の理由

さて、彼女たちの任官拒否理由を大きく分けると、やはり「自衛隊は自分に合わない」「結婚する」「怪我をした」などが多い。卒業までにやめる者との違いは、「やめるほど防大生活がつらいというわけではないが、これから幹部自衛官としてやっていくほどの思いはどうしても持てない」「大卒資格は欲しいが他の大学に行くほどの熱意はない」といったものだ。

「自衛隊は自分には合わない」として任官拒否をする者は、1学年時にやめる理由の筆頭だが、「自衛隊そのものが合わない」というケースよりも、次に挙げる二パターンをその理由とする者が多い。

まずは「自分の能力の限界」だ。

「体力勝負で、どれだけ頑張っても負けるっていうのがもう嫌だった」

「体力はあったけど指導が苦手で、幹部自衛官としてやっていくのは難しいと思った」

次に「先が見えない将来への不安」だ。

「『こういう人になりたい』というロールモデルに出会うことができなかった。ワークライフバランスを考えたときに現実的でないと、辞退を決断した。当時は結婚もしたいし、ゆくゆくは子育てもしたいし、仕事でも高みを目指したいと思ってた。でも、出会った女性幹部自衛官は三十歳過ぎて未婚と離婚経験者。両立はやっぱり無理なんだなと悟った」

このワークライフバランスの問題は根深いものがある。

結婚を理由にやめていく女子は、やはりその相手のほとんどが防大で出会った男子だ。

「お互い転勤を繰り返してずっと一緒に暮らせなくなるより、自分が自衛隊をやめて一緒にいる道を選ぶ」

ひそかに防大内で愛を育み、卒業後、ようやく結婚して晴れて公の仲となったのに、今後待ち受けているのが夫婦バラバラの転勤人生、という環境では、残念だが夫婦のどちらかが退職――となれば、女性側が退職するケースは今後もなくならないだろう。

そして怪我の問題。腰痛、膝痛など、慢性的な怪我に悩まされる防大女子は少なくない。中には、「訓練中に怪我をしたときに退校しようとしたが、指導教官に引き止められた。でも、やっぱり怪我で任官しないと言ったら『今すぐ退校しろ』と手のひら返しを受けた」と憤りを見せる者もいた。

少数ながらやりたいことを追求するため、任官を辞退した者もいる。芸能活動に進んだある者は「二十歳のときに、高校の先輩、同級生の大きな成功を目の当たりにして触発され、退校を真剣に考えたこともあった。現実的ではないという考えで手を出せずにいたが、幼いころからの夢への挑戦をどうしても諦めきれず、今の道を進んでいる」と話す。

幹部候補生学校でやめる者

おそらく防大よりもさらに馴染みの薄い存在だが、防大を卒業するともれなく曹長に任命され、自衛隊ごとの「幹部候補生学校（以下、幹候）」に進む。ごく簡単に幹候についても説明しよう。幹候とは初級幹部に必要な知識・技能を教育するための機関であり、陸上は福岡県久留米市、海上は広島県江田島市、航空は奈良市に所在する。卒業までに必要な期間もバラバラ（陸上は約九カ月、海上は約一年、航空は約半年）だ。

防大生はしばしば、幹候を防大の延長と捉えて安易な気持ちで門をくぐる。一般の大学を卒業してやってきた者の方が、よっぽど「就職先」としての意識は高い。しかし、防大と幹候は似て非なるものだ。防大は普通の大学と同じような授業が中心だが、幹部候補生学校では自衛隊の教育しか行わず、世界が自衛隊一色になる。

そんな状況で、ぷつんと糸が切れる者が出る。

「陸幹候は『陸上自衛隊、最高』みたいな狭い世界で、それに引いてしまった。もっと広い世界が見たくなった」

「幹候行ってすぐ体調を崩して訓練も見学ってなったときに、客観的に物事を見るようになっちゃって。ハイポートとかしてて、自分何やってんだろう、銃持って走って意味あんのかな、とか考え出したら、全然自分のモチベーションがないことに気付いてしまった」

私自身も「糸が切れた」に近い感覚で幹候を辞した。まず環境要因で、家計が安定し、姉が結婚したという金銭的な安心感が素地にあった。加えて所属区隊で女子が一人しかおらず、疎外感を感じる出来事があったり、トイレに行きづらかったりというようなちょっとした鬱憤が溜まっていた。

補足するとこのトイレというのは意外に重要なファクターで、野外では女子が二人組になってちょっと遠くの草むらまで行き、一人が見張りとなって一人が用を足すことになるのだが、女子が一人だと見張りが立てられない。男子を連れていって見張りを頼むのも、男子と遭遇する可能性がある中で用を足すことにもかなりの抵抗がある。私は我慢してしまうことも多く、口も利けないほどつらくなるときもあった。

だが、何より一番の要因は、女子一人になった結果、多忙な中でも「一人で考える時間が生まれてしまった」ことにある、と考えている。やめた後、かつての女性指導教官から連絡があり、「なぜやめたのか」と問われた。そのとき、「立ち止まって考えたときに、もうやめようと思ってしまった」と答えた私に対し、「幹候は立ち止まったら駄目な場所だったんだよ。走り抜ける場所だった」と指導教官は言った。

取材した中でも、「自衛隊って、一回『これってなんのために?』と考え出したらもうやっていけない世界」と話す者は複数いた。

「部下を持つ自信がない」

防大でやめるより幹候でやめる方が楽なため、幹候でやめる者も多いとは先に述べたが、女子に関しては「幹候でやめよう」と決めた上で進む者は極めて少ないようだ。ほとんどみな、「防大にいたときはやめるつもりではなかった」と振り返る。その点に関しては女子の方が生真面目さが目立つ。

確かに大多数は「防大でやめるより楽だった」ようだが、私は退校を申し出てから実際に退校が認められるまでには二カ月半以上を要した。指導教官に「お前をやめさせるわけにはいかない」と言われたときには、絶望で就寝後に号泣しながら「やめたいのに、やめさせてもらえない」と物置に隠れて友人に電話をしたものだ。冷静に考えると、自分が「やめる」と言ってやめられない職場などないのだが、「指導教官に認めてもらえないとやめられない」と思わせてしまうところが自衛隊にはある。最終的にどうしてもやめさせてほしいと土下座しようとしたところ、「そこまでしなくていい」と止められた。

幹候に行ってから糸が切れる者に多い特徴としては、「自分に自信がない者」が多いということも取材から浮かび上がってきた。防大在校中から悩みながらも何とかそのまま進んだものの、体力や指導力といった防大での悩みがさらに増幅される環境で限界を感じてしまうのだ。彼女たちは「もともと目標が大学合格だったということもあるけど、幹候で『あ、自分の能力がもう限界かな』って感じた」「男子と同等に戦えない自分が情けなくて逃げた」などと話す。

また、こういった思いで自衛隊をやめていった者たちは往々にして次のように語った。

「特に陸は、男と同じくらいの体力がないとやってられない」

「男だったら絶対続けてた」

自分自身に能力がないと感じる者がやめることを、私は悪いことだとは思わない。税金で育てられたという点に思いを致す必要はあるが、そう思いながら勤務を続けることは、本人にとっても、その者の部下になる者にとっても不幸だからだ。

ただ、防大で限界を感じた者も含めて、「限界」と言う者たちからよくよく話を聞くと、学業で優れていたり、細やかに気配りできるなど、優れた部分がたくさんある者も多い。女子の中では体力がある方だという者もいる。現役と比較しても能力的に差があるわけでもなく、自分に自信をなくす必要はないのに、防大や幹部候補生学校という環境が彼女たちのプライドを打ち砕いてしまうようだ。

現役の女性自衛官からも、「『女子』としては幹候が一番つらかった」「幹候では挫折感を味わった」という声が複数上がった。彼女らは、「その後働くうちに当時の思いを乗り越えた」と話す。逆に言えば、幹候を卒業しさえすれば、「自分に自信がない」としてやめた者の中にも続けられた者は少なくないのだろう。女子がやめる際には、指導教官から「部隊に行ったら変わるから」と言われることが多いが、その言葉は退職を決めた女子の心にはあまり刺さらない。それは四年以上の長きにわたり自信を喪失し続けてきた点、また防大や幹候に着任する指導官というのは優秀な自衛官が多いため、その言葉を自分事として受け止められない点などが理由として挙げられる。

あとほんの少しのきっかけで、続けられたはずの人もいるだろうことは、もったいないとも感じる。

幹部自衛官の道

幹部候補生学校を卒業してからが、いよいよ本格的な幹部自衛官人生の始まりだ。陸自は三カ月間、普通科と呼ばれる職種で研修した後に部隊へ、海自は約一年間の遠洋航海へ、空自は卒業後そのまま部隊へと配属になる。四年間以上の長きにわたり寝食を共にしてきた同期と離れ、それぞれの場所で幹部として奮闘することになる。

防大卒業時に曹長だった階級は、卒業して一年後には3尉になる。自衛隊の階級は将〜2士の十六階級に分かれており、3尉は上から八番目の階級。小隊長として三十人規模の一個小隊を率いる立場だ。なお、二〇二〇年三月現在で、全自衛官二十四万七千百五十四人中、将〜3尉までの幹部は四万二千四百九十五人。すなわち、防大を卒業してまだ一年しか経っていない二十代前半の若者の下に、階級で言うと二十万人もの部下がいることになる。さらに、その部下たちは血気盛んな十代の若者から、父親以上の年齢の老練な隊員までが含まれる。かなりプレッシャーのかかる環境だ。「防大卒の初級幹部は何にもできない、と部隊では認知されている」と話す者も少なくない。

幹部には、防大や一般大を卒業してすぐに幹部候補生学校に進む者のほかに、「部内幹部」と呼ばれる部内で階級を上げて幹部になる者がいる。前者が何もしなくても定年までに2佐までは大体昇進できるのに対し、後者は3佐や1尉までの昇進となることが多い。防大卒と一般大卒では理論上は出世に差はないが、将官人事などを見る限り、防大卒の方が出世する可能性が高い。これらが、防大卒がエリートと言われる所以だ。

防大卒の幹部と一般大卒の幹部では何が違うのかと問うと、「三十代くらいからは正直何も変わらない。発想が豊かだったり、防大卒より優秀な一般大卒はいっぱいいる」という声は多い。ただ「防大生は十八歳くらいで国防の道に進み、自主自律の中で揉まれて、人間関係を学んでいく。優劣が決まるものではないが、初級幹部のころは隊員への考え方、目の配り方というのはどうしても違う」と話す者もいた。

なお、それぞれの自衛隊の魅力を聞いたところ、陸自は人情の厚さや勤務地の多さを、海自はスマートさ（制服人気は一番高い）や「船、陸上、航空」から勤務を選べる柔軟性を、空自は合理性や女性を大事にする文化を、それぞれ挙げる声が多かった。

部隊という現実に直面する元防大女子たち

防大と部隊では何が変わるのか、聞いてみた。

まずは、自由。防大は全員が寮生活で行動が縛られるが、部隊に行けば基本的には幹部は駐屯地・基地の外に住むことになるため、「点呼の時間だから帰らなきゃ」ということがなくなる。「幹候を卒業してすぐのころは『フリーダム最高！』と自由を謳歌した」と振り返る。同期の数も少ないため、「比較されることがなくなって楽になった」「純粋に自分が頑張った分だけ認めてもらえる」と言う。

また、恋愛も自由だ。「職場恋愛は当たり前。防大だけが特殊」との指摘もあった。現役自衛官も「周囲を見ていると女性自衛官はほぼ部内の隊員と交際・結婚をしている。労働環境を理解してもらいやすいメリットは大きい」と話す。

だが、責任の重さは学生時代の比ではない。

「防大の頃とは違い、部隊では何をしていても周りからの目があり、重みが違うと感じた。自分が問題を起こしたときはもちろん、部下の責任をとるのも幹部」

「防大のときは体力面がきつかったし外出ができないのもいやだった。今は訓練も毎日じゃないし外出もできて自由だけど、精神的なつらさがある。仕事ができなさすぎて、上司は『最初は失敗するのが当たり前』と言ってくれるけど、あとでこっそり泣くことも多い」

防大での学びが役に立った点としては、「集団生活」や「自衛隊への理解」を挙げる声が多かった。一方、自衛隊をやめた者と同様、学術面での学びが直接生かされたという意見は聞こえてこなかった。

「防大出も一般大出も、隊員からはどっちも最初は仕事はできないと思われてるけど、防大だったら『まぁ大体のことは分かるよね』という雰囲気になる」

「自衛隊の体験版を四年間やったのが防大という感じ」

「結局は防大で学んだことは理想論に過ぎず、経験しないと分からない」部隊に出てからの変化は、いいことばかりではない。「この組織は腐ってる」と感じ、飛び出した者もいる。

まずは隊員の質だ。隊員の全てが、国防に燃えているわけではない。「他に就職先がなかった」「地元から離れたくない。田舎ではお金がもらえる方だから」「任期制であれば退官後の就職を斡旋してくれるから」という感覚で入隊した者は数多い。もちろん志高く素晴らしい人間も数多く、「部下がかわいい」「曹士に支えられている」という気持ちは誰しも持っている一方、どうしても「隊員全体の質は悪くなる」「やる気がある隊員より、ない隊員の方が多い」などという声が上がる。

「防大のときみたいに男女が寝食を共にするというのは危険。隊員個々の自律に任せるのではなく、規律で統制しないといけない」

「隊員には丁寧に優しく接しないといけないと感じた。防大のときの下級生に対する接し方とは違う」

加えて、「質が低い」というのは何も曹士に限った話ではない。防大では程度の差こそあれ、みな大なり小なり幹部自衛官としての理想を追い求めるが、仕事をこなす内にそういった理想が失われることもある。

「意識向上させるのが幹部と言われても無駄なくらい、自分の役割を理解していない幹部・上級陸曹が多い」

「自分の部下のプライベートを探るよう上から私的な依頼をされ、不信感を抱いた」

女子特有の悩みは軽減

とはいえ、部隊に出てからの変化として一番多く挙げられたことは、「防大で感じていたような女子特有の悩みが減った」という声だ。これまでに防大女子の退職理由を書き連ねてきたが、防大・幹候までは体力や指導力といった点で自分の存在意義に悩み、やめていく者も多かったが、ある程度自衛隊で勤務した者からはその理由は聞かれなかった。

「幹候では体力ベースで、どれだけがんばっても男に負けるのでつらかった。ただ幹候を過ぎてからは体力勝負じゃない。つらさは一時的なものだった。防大・幹候の体制にも問題があると思うが、今、体力不足で悩んでいる子がいるなら、『今だけだから』と言いたい。どうせ男性優位な部隊に行くことはない」

「女性が必要なことは間違いない。男女がどうのというよりは、仕事をする上で責任を持って働けるかどうかが大事。働く上で性差はもちろんあるけれど、必要とされるし、真面目に働いていれば臆することはない」

「防大内では女子の存在価値を気にするかもしれないけど、部隊に行って数年経てば、体力ばかりの世界ではない。計画の立案、訓練等の実行の監督ができなきゃいけないから、そこに性差はない」

「部隊では男女の差の前に、階級の差がある。それゆえに邪険にされたり、下に見られるようなことはあまりなく、女性も一人の幹部として概ね男性と同じように扱われる。逆に言えば、防大においてだけ女性が誤った扱いを受けている」

こういった意見は現役からも退職した者からも多く聞かれた。あれほど防大で女子学生(特に陸上要員)を苦しめた「女性であること」だが、幹部自衛官の道を歩んでしばらくすると、その意識が変化するという。

さらに取材の中では、「むしろ、女子でよかったと思うようになった」と話す空自の現役幹部もいた。

「本当に力仕事が必要な仕事なんて限られている。今の仕事で男女差を感じたことがないし、むしろ女子の方が重宝されている感すらある。大体の人は優しくしてくれたり、力仕事を免除してくれたりする。私は女子であることを有利に使っている」

ほかの空自の女子からも「『空自は女性で成り立っている』と言う人がいるほど女性に優しい」という声があり、女性活躍という点では空自に最も分がありそうだ。

しかしそれはもちろん、「全ての性差がなくなる」ということではない。

「職種や職域で特殊なところに行くと、やはり性差で劣等感を感じてしまうことがあるかもしれない」

「男性と張り合わなくちゃいけない性差が現れる分野、例えば戦闘機のパイロットとか普通科の小隊長とかを目指す人は変わらずしんどい」

「女性が必要ない部署もあれば、女性の方が能力を発揮できる部署もあり、配置によって女であることが足かせになったり武器になったりと影響を及ぼしてくる。最近では災害派遣等で『女性でなければできない仕事』も増えてきているのは認知されているし、優秀な成績を収めている職種も見られる。反面、現場、特に重労働や長期間身体的負担を伴うところは管理面を含めて面倒くさがられる」

要するに、防大では何事においても良くも悪くも男女平等に扱われるため、体力や指導力の面でどうしても男性が優位になってしまうが、部隊に進めば「男は男、女は女」という認識は当たり前で、そもそも女性がそこまで体力を必要とするところに配置されない。また防大と違って仕事が目の前にあり、体力以外のところで勝負できる土壌もたくさんあるため、存在意義に悩むことがなくなるという。ある者は「結局適材適所。一般社会と同じ」だと指摘する。

「女の子に甘いおじさん、厳しいおじさん、それぞれいるけど多少は性別も利用してやっていけばいいいと思う。女子の方が人にものを頼んだり聞いたりしやすいこともある」

「女性は上官に名前を覚えてもらいやすく、情報収集要員として使われたり、困ったときにお願いする役として使われたりすることがある」

「情報収集要員」という言い方こそ自衛隊特有の言い回しだが、人当たりのいい女子にお願い事が回ってくるという図式も、どこにでもある光景だろう。

ただし、女性に対する意識に関しては地域差もあるという。

「あくまで私見だけど北海道～東北～関東の東日本にかけては、比較的女性が上に立つことと、発言することに寛容。反面、中部～九州の隊員からは部下にさえ『これだから女は……』などという言葉を日常的に投げかけられると聞く」

また、わずかながらデメリットの声を上げるものもあった。「防大のときは男女関係なく盛り上がって仲良くなれたのに、部隊に行くと『女』っていうことで線を引かれて、人間関係の上では難しくなった」と話す者もいた。

「防大女子」から「女性幹部自衛官」へ

このように書くと、「幹部になると『女性も必要だ』という認識に変わるのか」と受け取られるかもしれない。だが、それは半分正解、半分間違いだ。確かに幹部自衛官になると、体力を起因とした性差による劣等感に打ちひしがれて悩む、というケースはかなり減る。だが、そのことと「そもそも自衛隊の中に女性は必要か」という話は別問題である。

取材の中では、「女性は必要ない」という意見は出てこなかった。

「自衛官の任務は『国防』であり、この世の中に多様な性が存在する以上、国民を守る立場である自衛官も女性は必要不可欠だと考える。女性やＬＧＢＴＱ当事者のことを理解できない人が、国民を守ることはできないと思う」

「海上では性差はほとんど関係ない。諸外国に対抗するためにも女性は必要だということを上層部は意識している」

これは今の時代に即した意見と言えよう。ただ「女性は必要」という中で圧倒的に多かったのが「災害派遣のときに女性は必要」というものだった。ある者は災害派遣の思い出をこう振り返る。

「十日間お風呂に入れないくらい大変ではあったけど、自衛隊はああいうとき燃えちゃうから、男性だと民間の人と嚙み合わなくて。そこを調整できたのは女性だからかなと思う。役所の人にも、あなたがいてくれてよかったと言われた。必要とされてるなとうれしかった。やりがいを感じた」

ところが、特に陸上自衛隊では「女性は必要だが、戦うという点においては必要ない」という意見が多数を占めた。退職者からならいざ知らず、現職の自衛官からこのような意見が寄せられたことに私は少なからず驚いた。

「私は女はいらないと思っている。入れるんだったらもっと人数を増やさないと、いつまでも特別扱いになっちゃう。災害派遣や後方支援では女子がいた方がいいと思うが、戦うことを考えると結局男性社会だから、男だけの方がうまくいくと思う。どう頑張ったって男と同じだけの力仕事はできない」

「表立っては言えないが、人事組織として考えたときに女が増えすぎても困るというのはある。女が増えるとどうしても弱くなる。訓練をしてても、力のない女をかばうのは、強靭性を考えたときにはマイナス」

「私の感覚では、陸上の女性自衛官は、男性自衛官のおかげで働けている。特定分野では女性も男性と対等にできることもあるかと思うけど、戦闘時、女性は男性に勝てるのか。身体能力が違うのは、体力検定の基準をみても明らかだが、仕事は男女別の基準なんてない。よって、女性は男性を立てるべきであり、力が必要なときは頼っていくことが必要」

これらの全てが陸自からの意見であり、「幹部の仕事に性差はない」と言っていた航空・海上の女性からも、「陸だったらまた違うかも」という意見が寄せられた。陸上自衛隊では戦闘行動＝歩兵戦という考えが根本にあることが、こう思わせる原因となる。

ただ空自からも「自衛隊という男性社会の中で女性の指揮官がどう振る舞ったらいいかということが分からず、求められるリーダー像と自分の女性性にとても悩んだ。男が求めるリーダー像に近付けば、ある意味で楽。だけど、そこに寄せていってたときはすごくしんどかった。今でもこうすればいいというものがあるわけではない」と、あるべき指揮官像への苦悩が寄せられた。

「職域開放」に反対する女性幹部も

近年では潜水艦や戦闘機パイロットなど、女性への職種開放も進んでいるが、「全職種の開放には反対」という声も複数あった。

「差別と正しい性差は分けるべき。間口は広いに越したことはないとは思うけど、男女平等を推し進めて、もしあらかじめ定員を設けられるようなことがあれば、希望しないでそこに就くことになった人への影響の方が大きいよなと思う。それは本当に不幸としか言いようがない」

「性差が顕著に出る職種がある。あえてそこに女性を置く必要はない」

また、女性幹部自衛官であれば、どこかで「自衛隊に女はいらない」という論調に程度の差こそあれぶつかることが多い。「その中傷をどうやって乗り越えたのか」と聞いてみたところ、一番多い答えは「気にしないこと」だった。

「鈍感力は大事。鈍い子ほど乗り越えられる。万人に受け入れられることは絶対にない」

「うまくやる秘訣はコミュニケーション能力と、割り切り。できないことはできないから、それを理解してもらうように立ち回って、自分はできることをやる」

「私は男性だとか女性だとか意識していない。というより意識しない方がよいと思う。ただ与えられたことをきちんとやっていれば、女性だからどうとか言われるわけではない。むしろ意識してしまうと、『私は女だから……』と自分の失敗の言い訳にもなって負のスパイラルになる」

「罵声があっても、職務を全うしなければならない。淡々と役職を完遂し、どこかのタイミングで、発言した人が一目置くような、心に響くようなことをしないといけない。いろいろな言い分に耳を傾けつつも、全てを聞き入れるのではなく、その発言をする人以外と信頼関係を深め、徐々にそういう発言をする人とも信頼関係が築けるよう努力し続ける忍耐力が必要」

「どうしても現代の日本では男尊女卑の考えがあるので仕方ない。体力で劣るのも事実なのでそこまで深く考えない」

「基準を満たしていればいい。基準に異論があるなら、基準をつくった人に根拠を示して提言してほしい」

自衛官の仕事と家庭生活の両立

女性幹部自衛官たちは仕事とプライベートを、どのように両立させているのだろうか。その質問に対して、子どもを持った母親からは残念ながら「両立できている」という答えは一つも得られなかった。「両立していない」「両立している人なんていない」――、みな口々にそう話した。

「みんな両立に向かって頑張っているんだけどね」。ある現役はそうため息をつく。ほかにも現役の中には、「両方頑張ろうとしたら、どっちもダメになっていたと思う」「私は人生で自衛官をやっている」と話す者もいた。

「自衛隊にはブラック企業みたいな長時間労働がよしとされる風潮がいまだにある」と話す者は多い。幹部として覚えなければいけないこと、考えなければいけないことも多い上に、残業をしなければ「あいつは仕事をしてない」とみなされる文化や「他の人がまだいるのに自分が帰るわけにはいかない」という一昔前の感覚が根深くはびこっている。このような風土の中でプライベートを重視するには、独身であっても気力が必要になる。

「プライベートでもやりたいことがあるから、そのために仕事をどうこなすかって観点で考えている」

「仕事は適当にやっていた。真剣にやりすぎれば両立は難しかったと思う。何を言われようが、自分の仕事はやるけど時間で区切るようにしていた」

続けている者からもやめた者からも、このような答えが返ってきた。

さらに女性自衛官の場合、結婚相手が自衛官であるケースは多い。独身であればまだなんとかなったとしても、結婚し、家庭を持つとさらに難しくなる。幹部自衛官は転勤や入校、長期の訓練など、家を空ける機会がかなり多い。結婚した自衛官同士が一緒に暮らせるという保証はどこにもない。ある者は「ほとんど別居になることは、結婚したときから想定はしていた」と話す。

陸自同士であればまだ駐屯地も多く、市街地にほど近い場所にあることもあるが、海自や空自の基地は数が少ない上、特に空自の基地は、基本的に僻地にある。また海自の場合には、どちらかが船に乗ってしまえば何カ月も帰ってこられない。そういう面で、勤務の厳しさで言えば海自の船乗りが「別格」という声があった。

ある現役の海自幹部は「若いうちは男性と同じように船に乗りたいと熱望していた子も、『結婚・出産して仕事と両立できるのか』という問題が自分のものになったとき、『船はこれ以上は無理だ』と言う子が多い」と指摘する。

特に、両立の問題は子どもを持ったとき、より顕著となる。中には、「私は『女であること』は自衛官としてなんの影響もなかったけど、『母親であること』はやっぱり影響があった」と話す者もいた。

そもそも子どもを持つことを逡巡することもある。

「子どもがほしいけど、今いろいろ学ばせてもらっているところで、今できると嫌な顔をされることが目に見えている」

「子どもができたら怒られることは分かってたし、実際怒られた。だけどもうつくっちゃったもん勝ち、と覚悟を決めないとつくれなかった」

これらは一般社会では明らかに「マタハラ」と呼ばれる行為に当たると思うが、自衛隊ではまだ撲滅には至っていない。

子どもを持つと出世に響く？

出世に関しても、子どもを持つと厳しい状況に置かれることになる。陸自では、出世するためには指揮幕僚課程と呼ばれる課程を受験し、合格することが一般的なコースとなっている。全四回の受験機会があるが、ある者は「一回目で合格することが重要。受験期を育休期間に被らせたくない。それまでに、つまり二十代のうちに子どもができなければ、子どもを産むことを諦めようと思っている」と話す。反対に海上のある者は、「出世のためには船でいくつかの配置を経験する必要がある。でもそれを全部経験すると三十歳を超える。三十歳を過ぎるまで子どもを産むなということなんだろうか」と不安を漏らす。

出産後、すぐに現場復帰する者もいる。ある者は、大学院在学中に出産し、産後一カ月で復帰。「母乳が止まらなくて大学のトイレの壁を母乳で汚した」と振り返る。またある者も、「別居婚だったので、出産後に旦那の部隊がある地域に行かせてもらうためには三カ月で復帰するしかなかった。保育園は認可外に預けるしか選択肢はなく、更衣室で搾乳した母乳を冷凍して子どもにあげていた」という。

念のため補足しておくと、近年は大抵の女性は一年程度の育休を取る。四十期代前半の女子は「育休制度も大分使える雰囲気にはなってきている。いろんな制度も拡充されていて、普通に昇任もできているから、その点は歴史を重ねてきただけのことはある」と評価する。制度的に一年以上取ることももちろん可能だが、周囲を見渡すと「初級幹部のうちにそんなに現場を離れてどうするの」という感覚は少なからずある。

ただでさえ子育てと仕事の両立は難しい上、理解のない上司も少なからずいるという。「復帰するときに、上司から『子どもは誰かに預けられないのか』と言われた。『母乳をあげられるのは私しかいない。子どもを預けて誰かが見て私が働くっていう選択肢は私の中にない』とケンカになって噂が広まり、同期からも『お前は何を言ったんだ』と言われた」

やはり上の期ほど「当時は仕事に子どもを絡めるのは許されないことだったし、しかも幹部だから余計に許されなかった」と振り返るが、取材する限り現在でも決してなくなってはいない。

取材をしていると、「その部隊で出産して育休を取った女性幹部は私が初めてだった」というケースもいくつかあった。そのため、「男性も勝手が分からなかったんだろう。結果としてはいろいろ調整してくれた」と擁護する声もあった。また、「同じ女性なら気持ちが分かるか」といえば、必ずしもそうとは言えないようだ。

「子どもがいるので入校することを延期できないか悩んでいると、女性の先輩から『甘え』だとか『子どもも連れていけば』と言われた。転勤ではないので住民票も移せず、保育園にも入れないのに」

「私より上の期はみんな出産後もすぐ復職したり、部隊に迷惑がかからないように自分のライフプランを削ってやっていた人たちが結構多かったから、私の苦しみを理解はしつつも、寄り添ってはもらえないことがあった」

仕事の時間に制約が生まれることによって、組織から適正な評価を受けられていないと感じる者もいた。

「自衛官は生産性の評価が難しい、というより、していない。こなせる業務を超えて仕事がアサインされた結果、残業してでもこなす人が評価されるので、家庭の時間を確保しないといけない人が昼休みを削って必死に仕事をしても、アウトプットの評価ではかなわなくなってしまうことが多い」

「入校中、『土日の訓練や授業に参加できないなら休んでもいい』とは言われたが、『評価できないから、その訓練は〇点になるけど』と言われた」

元々優秀な人ほど、この壁にぶつかったときに心苦しく、出世を諦めたり、外の世界に目を向ける要因になる。「元々は出世がしたかった。上でしか見られない光景があると思ってた。でも、もう出世したいとも思わなくなった」と、熱量が下がった同期を私も目の当たりにしている。ある者はこう述べる。

「自衛隊ではしょっちゅう講話があって偉い人の話を聞く機会がある。その中で『自衛隊は尊い仕事。君たちはすぐに動けるのか。動けるのが幹部だ』と言われた。今私は子どもがいてすぐには動けない。不適合者だと突き付けられたに等しい」

環境に恵まれなければ続けられない

実際に子どもを育てながら仕事をしている女性幹部に両立の秘訣を聞くと、全員が「周囲の環境に恵まれた」と話した。

「周りが『お子さんのお迎えの時間でしょ』と言ってくれた」

「自分の部隊も、同じく幹部自衛官である夫の部隊も人事上の配慮をしてくれた。自分がどうしても入校しなくちゃいけないときは、船に乗ってた夫を陸上勤務にしてくれた」

「仕事面ではかなり考慮してもらって、フレックスタイムも認められている。めちゃくちゃ周りの方に助けてもらっていて、両立しているというより、支えてもらってる」

子育てのための具体的な手段としては、「親の支援がないと無理」と話す者は多い。入校などに合わせて地元から親を呼んだり、海外にいた親を呼び寄せたり、転勤ごとに親を帯同させたり……、中には「夫の親に自分が単身赴任するたびについてきてもらってい る」というケースもある。現状自衛隊で活躍するためには、親の協力がないと難しいところはある。やめていった者からも、「まだ自衛隊にいるのは、近くに親がいて子どもを産んでも頼れる環境があるか、男並みに体力があり対等に戦える人たちのどっちか」と冷めた意見が聞かれた。

激務と呼ばれる部署にいる現役幹部はこう憤る。

「今は『何かあったら親を呼ぶ』というのが前提になっていることがおかしい。自分がやってみて、子育てと仕事の両立ができなかったら、それを上司や部下に見せなきゃだめだし、できるんだったら『こうやってやりました』という先駆者に自分がなる。このままだったら、『親に来てもらえばいいじゃん』と言い始める上司ばかりになる」

そのほかの手段としては、ファミリーサポートセンターなど、地域の資源を活用している者も複数いた。中には、「有事の際には近所の人に子どもを見てもらうようお願いしている」と話す者もいた。

幹部自衛官としての激務をこなしながら、周囲への感謝を口にして子育てを行う彼女たちに、私は敬服の念を抱かざるを得ない。

しかし、ときには夫にも理解してもらえないこともあるという。

「私の旦那は、私が出世することには『なんで自分から忙しいところに飛び込んでいくの』と反対で、『私はなんのために仕事してるんだろう、家庭を持って子どもを産んだらなぜ諦めなくちゃいけないんだろう』としんどい時期があった」

夫が同じ自衛官という者は多いので、「『なんで自分だけこんなに育児と仕事の両立をしなくちゃいけないのか』とイライラしないのか」とも聞いてみたところ、いろいろな答えが返ってきた。

「やっぱり、なぜ私の時間ばかりが奪われるのかとは思う。夫が単身赴任中で、私が海外に行くかも、となったとき、『子どもをどうしようか』と話したら『(自分が面倒を見るのは)無理無理』と言われた」

「最初から夫と一緒に暮らせるとは思ってなくて、子育ては私がすればいい、と思っていたからそこはそんなに何も思わない」

「諸先輩方に比べたら自分は恵まれていると言われ続け、実際自分もそう思ってきた。だからあんまりそれについては考えないようにしてきたけど、今思うとそう思わされるように洗脳されていた気もする」

「両立」というテーマで取材する中で感じたことは、周囲の環境というのはかなり大事になってくるということだ。

「自衛隊に入る理由は国防という理念への賛同かもしれないけど、それだけじゃ続けられない。続ける理由は人間関係」

「続けられるかは環境による。一回でも『当たり』を引くと続けられる。ただ最初が悪いと『もうダメだな』って思ってやめていく印象がある。後は女が多い方がやめないかな。女が女を守らなくちゃいけない。もちろんそういう人は女子が甘えてたら、それはそれで厳しく指導するが、そういう人が幹部でも曹でもいいから必要」

「今、上の意識も変わりつつあるけど、えらい人で女性に理解があるのは半々くらいかな。理解がない人に当たると相当キツい」

現役自衛官からも「自分の周りは理解のある人ばっかりだったけど、理解のない人に当たっていたらやめていたかもしれない」という声はあった。

加えて、このように大変な苦労をして仕事を続けても、「自分はよい母ではない」と話す者は多い。「子どもに寂しい思いをさせた」というのだ。

この「幹部自衛官の母親はよい母親か」という問題は正直なところ難しい。私からすると「働いていてかっこいいお母さんだよ」「あなたの子どもでいられて、子どもも幸せだよ」と心から思うが、結局のところ、自分や他人がどう思っていようが、子ども自身がどう考えるようになるかにもよるからだ。どれだけ愛情を持って育てようが、「お母さんがいなくて寂しかった」と思う子どもがゼロになるとは思えないし、逆にどれだけ仕事に邁進しようが「お母さんかっこいい！」と思う子どももいるだろう。

私の取材の中では、後者の方が圧倒的に多かった。

「子どもが三人いて、一番上には下と一緒に留守番をさせたり負担をかけたけど、ある日『お母さんはふつうじゃないけどかっこいい』と言われた。自分が持っていた『よいお母さん像』は子どもが持っているそれとは違うのだと今更ながらに気付いた」

「子どもも子どもなりに、母親の仕事をよく理解してくれている。ちょっとご飯の手を抜いたからといって子どもが不良になるわけでもないし、悪い母親ではないということが分かった。『〜しなくてはならない』ということは何一つなかったのだと知った」

女子一期代の現役幹部はこう話す。「確かに子どもが生まれれば、仕事の時間に制約が生まれる。でももう子どもが大分大きくなって、『あのとき誰かが引き受けてくれた仕事を、今自分がするんだ』と思って仕事をしている。制約がある期間をマイナスにだけ考えずに、生涯を通じたワークとライフのバランスを考えればいい」

「結局女性だけが育児の負担が大きい」

また、ある現役の自衛官は、女性ばかりに育児の負担が大きい現状を強く批判する。

「男性にも子どもはいるはずなのに、男性は仕事の調整をする必要がないというのは、夫側の部隊が妻側の部隊に負担を押し付けているということ。両立が女性だけの悩みになっていることがそもそも男女の不均衡さをよく表していて、妻が『私明日当直だから、あなたが子どもの面倒を見てね』という分担が常識になれば、男性の問題にだってなるはずだ」

おそらく、この考え方に過半の働く女性は賛同するのではないだろうか。また、中には「協力してくれない旦那がいると言ったたって、その旦那を選んだのも自分。私だったら自分が仕事したいと思った時点で協力してくれない旦那は選ばないし、制度を活用する。いつまでも女性が被害者意識を持ったままじゃ平等にならない。今は男性の方が重い責任を担っている。女性もその責任を負わなくちゃいけない」と話す女性もいた。

とはいえ、現状ではどうしても子育てを諦めて仕事に邁進するか、子育てを優先して仕事を抑えるか、どちらかになりがちだ。一般社会でも多かれ少なかれそういった側面はあるが、自衛隊はまだ多様性に乏しく、一般社会よりもさらに厳しい環境であると感じる。

話を聞く限り、現代日本における「両立」、つまり家庭を持ち、子どもを産み、子育ての大部分を父母が担い、子育てにも時間を割きつつ、仕事でも重要な任務を任されるという生活を幹部自衛官がこなすというのは不可能に近いことなのだと思わされた。

それでも自衛官を続けられる理由は何か。中には「お金・生活のため」という回答もあったが、「部下の女の子が慕ってくれた。彼女のためにも頑張りたい」「災害派遣時に会った民間の方に『あなたみたいに若くてか弱そうな子が頑張っているのだから、私も頑張らなくちゃ』と言われてうれしかった」といった経験を支えとしている者も多くいた。

さらに階級が上がるほど視座は高まる。

「出世するほど、部隊を変えられる力を持つ。部隊ではできなかったことも、幕僚監部ではできるようになる。組織全体を見渡せるようになって、面白さを感じるようになった」

「国防というのは民間ではできない仕事」

「案外、昔抱いた夢が叶っていて幸せ」

こんなふうに語ってくれた女子一期生もいた。

「子どもたちの笑顔を見たときと、青い静かな空が広がっているのを見たとき、自分がこの平和を守る一員であることに誇りを覚える」

自衛隊に限った話ではないが、続けられた者だけが至ることができる境地がある。

幹部自衛官にはなったものの職を辞したケース

一方、部隊に配属されて幹部自衛官として働いたものの、職を辞した人たちもいる。退職理由として「家庭との両立が困難だったから」と述べる者が最も多かった。

独身であっても、「頻繁で広範囲の転勤と、時間的・精神的な拘束に報酬が釣り合わないと感じた」「自分の希望を言い続けても希望通りにならない人をたくさん見て、自分の将来に希望が持てなくなった」と退職を決意した者もいたが、特に子どもが生まれた後、プライベートとの折り合いがつかずにやめていくケースが多い。

男性社会の自衛隊では、女性自衛官の相手が男性自衛官という組み合わせが極めて多いことはこれまでも述べたが、幹部同士のカップルの離婚率もまた非常に高い。特に若手のうちは「結婚してから一度も一緒に住んだことがない」という夫婦も多く、「結婚して十年経って初めて一緒に住めた」という幹部もいる。初級幹部としてプレッシャーがかかる中で会えない日々が続き、気持ちが少しずつすれ違っていく。加えて幹部自衛官となる女子は一般の女子よりいささか逞しく、金銭的にも自立している。「結婚している意味ってどこにあるんだろう」と考えてしまうのは分からなくはない。

自衛官と結婚して出産し、離婚したある者は「転勤ばっかりとか、一緒に住めても有事の際にどっちが子どもをどうするとかいう話し合いをするのはもう嫌。再婚するとしたら一般の人がいい」と話す。

具体的な例を挙げよう。彼女は防大を卒業後、防大時代に知り合った人と結婚。出産し、運良く同じ県内で勤務できたため、家族三人で暮らしていたが、復帰後ほどなく自衛隊を後にした。

「私以外は遅くまで働いているのに、私だけ子どものお迎えがあるから早く帰らなくちゃいけない。朝出勤したら、昨日と状況が変わっているということもたくさんあった。初級幹部で育休明け、となるとまだできることも少ない。そんな中ではやりがいも見つけられなかった。子育ては一生続くわけじゃないと分かってはいたけれど、これが何年も続くと思うと心が折れた。これから先、また営内で暮らさなきゃいけない時期も来るけど、その間子どもをどうするのか。旦那もそのときどういう勤務かなんて分からないし。もしそれで行けないとなったら、また同期に置いていかれる。ただでさえ育休で差をつけられているのに、どれだけ置いていかれるんだと思うと苦しくなった。

自衛隊では確かに飲み会が大事だが、うちのところは『飲み会に子どもは連れてくるな』っていう方針だったから、連れていけなかった。頑張ろうとはしていたし、実際、頑張ってもいた。だけど、泊まりを伴う訓練も行けなくて、残って残務処理して、GWとか夏休みとか、旦那が休みのときに当直引き受けたりしてて、『何やってんだろう……』としか思えなくなった」

家庭と仕事の両立に悩み、やめていく者たちはみな、「責任感がないから」「仕事が大変だから」自衛隊をやめるわけではない。むしろ自衛隊の仕事を大切だと思っているからこそ、「家庭も育児も中途半端になる」という状況に耐えられないのだ。また、身を賭してまで国や国民を守るという思いの者たちだからこそ、その慈しみの思いがわが子にも向けられるというのは理解できるだろう。

「こんなに子どもがかわいいとは思わなかった。誤算だった」「自分の親も帰りが遅かった。子どもができて、自衛官を続けていたら自分も絶対そうなるなというのが嫌だった。よく子育てを終えた女性が『子どもも理解してくれている』と言うけど、絶対そんなことはない。子ども時代の寂しさはずっと残っている」

家庭か仕事か、究極の二択

　ある者は、「結婚・出産・育児・家庭生活といった三十歳前後から始まる将来像は、とても持ちづらいのが現実」と指摘する。

「結婚・出産すると転属はとてもネックになるし、子どもとの時間を満足に持てないと感じたことも多々あった。中長期間家に帰れない、という状況が多すぎるし、それが幹部の仕事でもあるので致し方なし、という風潮が強い」

「自衛官という職業のせいか、防大時代からの刷り込みなのか、仕事と私生活を切り分けた上での両立は厳しい。私自身、子どもができるまでは特に何も感じず両立できたが、子どもができてからが問題だった」

　仕事と育児を両立させようと奮闘した結果、心身が蝕まれていく。

「常に後ろめたさというか申し訳なさが付きまとっていた」

「子どもがいることは自衛官においてはマイナスになり、防大で刷り込まれている自衛官像にも当てはまらず、結果として自身の自衛官としての価値を見出せなくなる。親に半分孫育てしてもらいながら、価値ややりがい、評価等を今までのように求めず、自分を納得させながら日々を送っていった」

このような状況下で、「ワークライフバランスを重視する時勢においても、それらが早期にかつ根本的に解決されるとはあまり思えない」と、自衛隊に見切りをつけて去っていってしまうのだ。

そんな自衛隊を変えようと奮闘したものの、志半ばで諦めた者もいる。

「女性の先輩方が肩ひじ張って必死に女性自衛官がいる自衛隊をつくってくれ、男性的な働き方の女性自衛官の道のバトンがある。両立を前提にバリバリ働かない働き方もあるけれど、上にいる女性自衛官の働き方は、ほとんど男性的な働き方のもの。私はその男性的な働き方ではなく、『昇任はしなくていいけれど、自分の仕事はしっかりこなした上で家庭は犠牲にしない』という働き方の道を後輩につなぎたいという目標でやってきた。

しかし、評価は時間に関係なく働ける男性が基準。育児を親に頼り、家庭生活は全くない状態でも、自由に働ける男性にはかなわない。男性同期との差は開くばかり。防大でも、幹部候補生学校でも、部隊でも、男性と女性の能力の差はないと教育されてきたからか、自分には子どもが大切で、子どもを優先すべきと頭では分かっていても、気持ちは割り切れなかった。上司の評価もしかり。

そして、人事・転勤は不透明。数年後にどこに行くかも、希望が通るかも、そのときにならないと分からない。自分が納得できる仕事をするには、上に行くしかない。でも、上に行くには自分の家庭を犠牲にし、子どもに負担をかけることになる。その働き方は、自分が後輩に残したいものではないし、男性や上司にその働き方を基準にしてほしくない。

そんないろいろな思いや、ジレンマに耐えられなくなったこと、理解してもらえないことへの反抗心、このまま勤務しても変える力はなく、『外を見ないと！』と思うようになったことから退職した」

能力があるからといって、必ずしも続けられるわけではない。むしろ能力があるからこそ、「本当はもっとやれるはず」という思いと子育てとのジレンマに疲れ切ってしまうのだ。

やめると伝えた際に言われることは、上司によって大分異なるようだ。「自分は家族を犠牲にした。僕はそれで幸せだけど、君は自分が幸せだと思う道を行きなさい」と理解を示してくれる者、「女性の活用に力を入れてるのに、そういうやめ方は困る」「そもそも本当に子どもがかわいいなら仕事なんてしないよ」と批判する者、それぞれが存在しており、後者のときにはしこりとして残るようだ。

中には、「やめた人も労働環境を変えるのに一役買っている」と話す現役もいる。だがそれでも、「家庭の事情で有能な女性が退職していくのは非常にもったいない」と悔しさを滲ませる者は非常に多い。

ロールモデルの不在

任官拒否をした中にも同様の理由を挙げた者がいたが、一度は任官したもののやめた複数の者たちが「ロールモデルの不在」を退職要因の一つとして訴えた。

「幸せな幹部の姿を見ていれば続けていたかもしれない。自分は戦闘部隊の指揮官になりたかった。普通の生活を送って、夫とも協力しながら。でもその『普通に働いて普通に認められる』ことが、このままじゃできないと思った」

「周りの女性は独身か離婚した人ばかり。子どもが三人いるのに仕事が好きすぎて離婚しちゃった人もいたが、もしその人が幸せそうに家庭も仕事も頑張ってたら、私の考えも変わっていたかもしれない」

「子育て女性幹部がマイノリティなので、参考になる人も、相談できる人もいなかった」

とはいえ、道を切り開いている女性たちもそれなりに存在する。彼女たちはロールモデルとして機能していないのか。

「部隊で出会った女性の幹部がはつらつと仕事していて、その姿を見て乗り越えられた」

こう答えた者も確かにいて、女性自衛官の数が増えるほど、おそらくこういう声も大きくなるだろう。だがまだ今の段階では、必ずしもロールモデルとはなっていないようだ。

「今出世してる人たちは、みんな昔から『お前は偉くなる』とある種のレールを敷かれて、それに乗っかってこられた人たち。ロールモデルになることを苦と思っていない」

「むしろ、上ができすぎると、『あいつは女だけどこれができたから、お前もできるはずだ』と言われてつらい。その人が特別優秀ってだけなのに、同じ土俵に立たせないでほしい」

「女性の先輩たちが、かなり家庭を犠牲にして今の地位を築いているからなのか、それと同じ道しか受け入れられていないように感じた」

後進のためにと開拓してきた女性からすれば厳しい意見だが、諸先輩方が頑張っている姿を知っているからこそ、かえって「ああはなれない」と考えてしまう者も多いようだ。中には、「ロールモデルがいないなら、私がロールモデルになればいい」と力強く語ってくれた者もいた。ただ、「特別に優秀ではない」と感じている女子たちにとっては、まだまだ苦難の道が続きそうだ。

はびこるハラスメント

自衛隊を去る直接的・間接的要因の一つとして、「組織の体質の古さ」を挙げる人もいた。自衛隊は巨大な組織であるがゆえ、旧態依然としたところがある。

「検閲のための訓練、検査のための整備。本当に国防を考えているのか分からない想定。単に上級部隊から指摘を受けないためという意識でやっていたことに落胆」

「判子周りや調整に時間がかかりすぎる」

「人事制度がおかしい」などなど。

また、自衛隊には、セクハラやパワハラといったハラスメントが民間より横行しているという実感がある。これは「軍隊組織であること」「組織の体質の古さ」に加え、圧倒的な「男性的組織」であるがゆえに生じる問題でもあるだろう。

毎年度、防衛省が行なっている「定期防衛監察」の令和二年度版では、省内のセクハラ・パワハラ事案について以下のように記されている。

《セクハラ》

・容姿に関する発言や不必要な身体の接触といった職員が不快に感じる言動等があった

（六機関等）

《パワハラ》

・威圧的な言動、人格を否定する発言、不適切な指導等があり、職場環境が悪化した状況を確認した（十三機関等）

《育児ハラスメント》

・育児に関する制度利用を阻害するような言動等があった（六機関等）

これは間違いなく氷山の一角だ。たまたま露見したものがこの件数だった、という方が正しいだろう。まず防大時代から、セクハラ、パワハラに当たる言動は多い。

「『お前は難しい話よりエッチな話の方が好きだろ』と言われて的確に言い返せなかった」

「コントで下級生から胸が大きいことをいじられて、後で同期に『注意しといて』と言ったら『何で？　ギャグじゃん』と言われた」

「大勢の前で、『お前には価値がない』と言われる」

こういったハラスメントはなぜ起こるのか。

一つは、「そういった振る舞いが男性らしい」という空気があるからだろう。己の欲望、感情を素直に曝け出すことに、一般社会よりも寛容な風土がある。

セクハラに関してはほかに、「みんなが言ってるから自分も言っても大丈夫」という感覚が育ち、そういった話題で盛り上がることにより、「男同士の連帯を強める」。そしてそれは「ノってこない女を仲間から弾く」作用を生み出す。取材の中でも「下ネタを話してたら、男子の中で『あいつは話せる奴』っていう認定を受けた」と振り返る者もいた。逆に、下ネタに興じない女子に対しては「ノリが悪い」という声が浴びせられることになる。また男子のみならず女子の中にも、「これくらいのことでギャーギャー言うようじゃ自衛隊ではやっていけないよ」とのたまう者が少なからずいる。

パワハラに関しては、「自衛官として厳しく指導すべき」という思いと、パワハラとの境界線が曖昧なところもある。こういう場合、本人は心から「自分がやっていることは正しい」と思い込んでいることも多い。実際、自衛隊の幹部のミスは、実戦であればそのまま隊員の命に直結する。「失敗したら次取り返そうね」という意識ではいられない。「女だから」という言い訳で許されるわけもない。また、同じ理由から、プレッシャーにもある程度の耐性がなくてはならない。

こういったことから、「世間一般ではパワハラ・セクハラに当たる」事例は数多い。もちろん、現役自衛官いわく「そういうめちゃくちゃな人は最近ぐっと減った」という声もある。だが、まだなくなってはいない。

「女らしさを武器にするために船に乗っているんじゃない」

この前提の下、どのようなことが彼女たちの心を蝕んだのか、見てみよう。まずは海自に進んだ女性。彼女は、職務にやりがいを持って臨んでいた。

「船の中ではセクハラ、パワハラがかなりあった。その中で自分が当事者になったというのもあったが、組織自体が閉鎖的で問題があると感じるようになり、やめた。

部下からは『やらせてって言ったらやらせてくれそうですよね』とかよく言われた。言われるたびに怒っていたけど、『言われるのは私の態度にも原因があるのかな』と思うようにもなって。ほかには、幹部から『その職種ってブス枠でしょ』とか言われたこともあるし、部屋に酔っぱらった海曹が来て胸を触られたこともあった。すごく怖かった。顔とか女性らしさを武器にするために船に乗っているわけじゃない。上には『そういう素養を求めているのなら、いつでもやめます』と言っていた。言ってきたりした人には謝らせたが、その後も自分の対処は間違ってなかったのかとかモヤモヤしてしまう。

他人が言われているのを見るのも嫌だった。出世した女性幹部の同期の男性が同じ艦に乗っていて、『あいつは袋かぶせたらやれる、とかみんなで話してたんだぜ』とか笑って言っていた。自分もいつかこう言われるのかなと思うと本当につらくなった。一般社会の感覚とかけ離れすぎている。自衛隊のセクハラ・パワハラの感覚は間違っている」

彼女は決して受け身の女性ではない。間違ったことには間違っていると言える、強い女性だ。それでも、「NO」と言えば全てを割り切れる、というわけではない。彼女はまた、「自分にも『メンタルダウンは弱い』みたいな気持ちがある。今は『自衛隊の認識がおかしい』と思ってるけど、『そのうち自分もそういうパワハラ的な考え方をしてしまうかもしれない』と思うと怖くなった」とも振り返る。

もはや「セクハラ」という言葉だけでは済ませられない経験をした者もいる。陸自に進み、もがきながらも前を向いていたが、環境に絶望してやめてしまった女性だ。

「防大っていい意味でも悪い意味でも、男女関係ないところがあった。部隊でもそういうノリでいっちゃって……それがダメだったんだと思う。『幹部はとことん部下に付き合え』と教えられたから、飲みに誘われたら三次会四次会でも、走ろうって言われたらとことん付き合った結果、勘違いされることも多かった。飲み会の後に『反省会するから残れ』と言われて残ったら『かわいいね』とか言われて、『やめてください』って言ったら気まずくなって、次の日から『あいつは何なんだ』とか言いふらされたり。みんなうまく立ち回ってるのかもしれないけど、私はそれがかなり下手だった。

あるときは急に『今からお前の家を点検するぞ』って言われて、女子だからって断っちゃいけないって思って家に呼んだら、そのまま襲われそうになった。『そんなことされたら死にます』とか言ってなんとか帰ってくれたけど……。周りには言えなくて、今そういう人が幅をきかせてると思うと苦しい。

ほかにも自分は職務として小隊員に声かけしなきゃいけないけど、アタックされて断った人から長文メールが来るようになった。『また男捕まえてたぶらかしてる』とか『この偽善者』とか。教育でも『女を使ってる』とか何度も言われて。そんな気は全くないのに、そんな風に見られてしまうのかと。結局その人はストーカーっぽくなってしまった。

やめる決め手になったのは、上司から不倫を求められたこと。断ったらすごく嫌われて、ずっと無視されてた。気にしないようにしてたけど、急に異動になって隣の席に移されて……。仕事頑張ろうって思ってたけど、そういう個人の思いで人事を動かされちゃうのかと愕然とした。しかも、そんな変な異動のせいで職種の経験が少なくなって、部隊を出て自分の居場所を見つけようとしたけど、『勤務経験は少ないし、そもそも今人が少ないんだからこの部隊から出られるわけないだろ、はは』とか言われて、自分が頑張ってももうどうすることもできないって思うと、もう限界だった」

こういった仕打ちを受けた彼女は、自分自身の在り方すら変えた。

「最初はイェーイみたいな感じで、防大と同じで男女平等に、明るい感じだった。でもだんだん男性が怖くなっちゃって、明るく振る舞えなくなった。そうしたら『愛想がないから駄目なんだ』と言われて。そこからは凛とした女性を演じてた。あんまり話しかけられないような雰囲気をあえて出していた。この世界で生きていくには、見えない壁をつくらないと駄目だった。でもそしたら自分はなんなんだ、素の自分でいられないってどうなんだ、ってずっとしんどかった」

彼女のケースまでとはいかなくても、「結婚してる上司から誘われた」「部下に好意を持たれ、断ったら無視された」という声や、「大事な後輩がセクハラの被害に遭ってやめていった。慌てて手を回したが手遅れだった」という意見はほかにもあった。

自衛隊はそもそも極めてセクハラが起こりやすい環境にある。男性が多い、「男らしい」ことが尊ばれる、男性の仲間意識が強い、公私混同しがち、飲み会が多い、体質が古い、上下関係が厳しい等々。そのような環境において、自分を気にかけてくれる女性に、男性が特別な感情を抱いてしまう、という事態はどうしても起こりがちだ。

優秀な人間がやめていく現状

次に、パワハラ被害に遭った者の話だ。

「自衛隊を休職して、海外の大学院に行くつもりだった。自衛隊のためにもなる研究だと思っていたけど、まず『それは自衛隊にとって何の利益があるの。利益がないなら行かせられない』と言われ、なんとかＯＫをもらったけど、次に休業期間は無給なので向こうの国で学費の援助を受ける手続きをしたら『それは副業にあたるからダメだ』と言われた。

その後も、異動の関係で変な噂を流された。『やる気ないんでしょ』『仕事ができないって聞いているよ』と言われ続けたり、たくさんの人から無視されたりもした。もうそれで信じられない、やめようって。定年までいるつもりでいたけど、そういうことがちょくちょくあって、これからもあるんだろうなと思うと、もういいやと思ってしまった」

ちなみに、彼女は防大でもかなり優秀な成績を収めてきた。「仕事ができない」ということも当然なく、「最初は無視してきた上司も、『思ったより仕事ができる』と気付いたみたいで、急にすり寄ってくるようになった。でも、最後まで謝罪はなかった」と話す。こうしたパワハラに関しては、男女の別は関係のない部分も多い。一方で、「ただでさえ目立つと足を引っ張られる組織だけど、それが女となるとなおさらだ」とは指摘する。実際、彼女以外からも、「地位に関しては男の方が嫉妬深い」と述べる声もあった。

真面目に仕事をこなしていた彼女たちがセクハラ、パワハラによって傷付けられ、失意のうちにやめていく。加えて一定数、「だから女がいるとダメなんだ」「女はすぐにやめる」「男の軽口くらい受け流さなきゃ」と言い出す者たちがいる。セクハラ、パワハラは女がいるからこそ生まれる、男だけだとそんなことはなかったのに、だから女は必要ない、もし自分たちの世界に入ってくるなら自分たちの言うことを受け止めろ、という論理だ。

しかし一体、彼女たちの落ち度はどこにあるのだろうか。彼女たちの受けた傷は消えない。完全な被害者であるにもかかわらず、「でも自分も悪かったのかな……」と自分を責める者も少なくない。やめたいと思っていたわけでもない優秀な人材がこのようにやめていく現状に、自衛隊は目を逸らしてはならない。定期防衛監察でも、「各種ハラスメントは、それを受けた者はもちろんのこと組織にとっても大きなダメージを与えうるものである。ここで取り上げた事例について多く見受けられたのは、加害者の過去の経験又は習慣を安易によりどころにした不適切な言動である。このような言動は、次世代にも影響が及ぶおそれがある。時代の変遷を踏まえて社会の理解を得られない言動がないか、指導にあたる職員は省みる必要がある」と指摘している。やめていく原因を「やっぱり女性には難しいところがあるよね」で片付けてはならない。

そのほか、防大、幹候と同様、体調を崩してやめる者もいる。

「仕事へのプレッシャーなどの精神的ストレス、競技会や野外訓練などの身体的ストレス、慢性的な睡眠不足により徐々に体調を崩した。アレルギーや蕁麻疹、出勤時の吐き気、月経痛・冷え性の悪化などの不調が続き、限界を感じてやめた」

「ずっと生理が重くて、毎月毎月生理のたびに体調が悪くなった。こっちの我慢や苦労も分かろうとせず、軽く見られることにも我慢できなかった」

また、私の防大時代の大切な友人で、部隊配属後、自ら死を選んだ者もいる。私がこの本を書こうと思ったきっかけにもなった出来事だ。入校当初から「ものすごく幹部自衛官に向いている」というわけではなかったが、彼女より優しい子は私の周りにはいないと思うほど、他人を思いやることができる女性だった。周囲に聞いても確固とした理由は分からなかった。いくつかの噂はあれど、真偽が分からないためここに書くことはできないが、現職の女性自衛官で、命を絶った者がいるという事実だけは確かだ。

自衛隊をやめた後

防大、自衛隊を辞した彼女たちはその後、どういう道を歩んでいるのだろうか。

大学へ行き直した者、結婚して専業主婦になった者、子育てを優先しながら働いている者、家業を継いだ者、バリバリ働いている者、自分で事業を興した者など様々だ。

「男子よりも女子の方が、やめた後の進路は幅広い」という声が上がる一方、案外「名の知れた大企業でバリバリ働く」ケースはそこまで多くはない。周囲を見渡すと、男子学生の方が「民間でのし上がってやる」という気概があるように思われる。男性では有名どころでいくと、学研ホールディングス社長、日本電産社長、元グッドウィル・グループCEOなどがいるが、それに比べると女子の卒業生でその存在を内外に知られるほど目立って活躍している、という者は知らない。体育会系（というか紛れもなく軍隊）出身の女子なのだから、いつの時代でもある程度の需要はありそうなものだと思うのだが。

その理由はいくつかあるだろう。まず前提として、女子が入校してから三十年ほどしか経っておらず、そもそも人数が少ないということはある。それを除くと、やはり自衛官と結婚するケースが多く、幹部自衛官であれば数年に一度の転勤がつきもので、どうしても家庭を優先することになる点が大きい。

結婚を理由にしないものとしては、まず防大女子はあまり就職活動がうまくない、という点がある。そもそも前章までで述べた通り、防大は就職活動を禁止している。自衛隊以外のことを考えられない環境、かつ真面目に防大生であろうとする女子が多い中で、「私にはこの仕事が向いているかも！」と思うようになることすら難しい。

また、情報を集めようと思ったところで、ネット環境も悪い。それぞれパソコンを所有してはいるが、自習時間になると、途端に回線が重くなる。今はスマホが普及しているため、とりわけ四十期代からは「スマホがあればまた全然違うだろう。私たちの期は本当に情報から隔絶されていた」との声も聞かれたが、結局のところ今であっても共に就活をする友人もおらず、インターンへの参加なども難しいため、情報量はやはり一般の大学生とは雲泥の差だ。

「就活禁止なのに『防衛大学校です！』と自己紹介することに疲れて就活をやめた」「企業にエントリーしても、土日しか外に出られないので面接を受けられない」「そもそも特別にやりたいことがないから防大に来たわけで、この環境でほかにやりたいことが見つかるはずもなく、企業の選び方が分からなかった」といった意見が挙がるほか、防大や幹部候補生学校でやめる者の中には、自分に自信を失ってしまう者も多く、「大企業で自分が通用すると思うほどの熱量がなかった」と話す者もいる。

むろん中には、「指導する立場に立つ人を見て客観的に分析する機会はたくさんあったから防大はとてもよかった。同じ班員でも班長（指導教官）次第でその班の雰囲気もレベルも士気も変わって、訓練の成績も全然変わるのを経験したからこそ、マネジメントの重要性を強く感じている」と話し、誰もが知る大手企業に勤めている者もいるが、そういう感覚を持って防大生活を過ごし、かつやめていく者は少数派だ。「防大卒の幹部自衛官」と言えば自衛隊の中ではエリートのはずだが、比較する対象に乏しく、優秀な同期らとだけ己を比べてしまう女子には、「自分がエリートである」という意識は想像以上に薄い。

とはいえ、「防大卒」の肩書きは、その後の人生に役立つことは多いようだ。

「私は周りよりもキツいことをやり遂げたんだというバックグラウンドができた」「打たれ強くなって、自信がついた」「人間的に成長できた」「今は専業主婦だが、『私はまだやれる』という思いが心の中にある」と話す者もいる。

「防大卒と言うと一目置かれ、期待を裏切らなければ高評価を得られる。他の大学ではこうはならないだろうと思う」

「自己紹介をするときのネタになる」

これらはいずれも男だとか女だとか、関係のない事柄ばかりだ。

「防大進学」について後悔はない

防大での経験は、確実に成長をもたらす。それは在学中、自分の存在に苦しんだ者にも当てはまる。

「在学中は自衛官としての自分を肯定できなかった。だけど在学中も今も防大出身、防大生である自分に誇りも持っている。いつも前向きでいよう、建設的でいようとする心の強さを得られたことは、一生の財産」

「卒業してすぐの頃は、自分に自信を持てず、成長よりはむしろ後退しているような感覚を覚えたが、苦しんだ経験自体が今の自分を強くしている」

取材した者に、「防大へ入ってよかったか」と聞いてみた。すると、取材ができた者の中に「入らなければよかった」と後悔する者は一人もいなかった。ただし、「入ってよかったのかどうか分からない。今もずっと考えている」「防大を好きかと言われると分からない」「後悔はしていないが、大切な同期、後輩と出会えたこと以外はよかったとは思っていない」などと述べる者は少なからずいた。「今の自分を否定したくないから、過去を後悔したくない」という意思や、防大を途中退校した者からは「防大に入校したことは後悔してない。けどもっと慎重に考えなかった自分には後悔してるかな」という思いを持つ者もいた。私自身も、後悔もしていなければ感謝もしているが、もう一度十八歳の自分に戻ったときには、同じ道を歩まないかもしれない、とも思う。

それでも、防大の経験をよしとする意見が圧倒的に多かった。

「出会った人たちが素晴らしい人ばかり。会えてよかった」

「普通では体験できないことを経験できた。世界が広がった」

「やめた後、一年くらいは後悔していたけれど、ほかでは得られない経験をし、汗と涙にまみれて頑張ってきた自分が今では愛おしくなった」

防大は自信の喪失と構築が共に起き得る環境だ。受けた心の傷、自信の喪失は絶対に完治するとは言い切れない。だが、時と共に薄れ、時に強さの糧にもなる。たとえ、在校中つらいことばかりで自信を失ったとしても、変わらずひたむきに生きていれば、その苦しんだ思いを昇華させることができることも、取材を通じて伝わってきた。

終章

防大や自衛隊という男社会で女性が生き抜くには

パレードを行う防大生（筆者提供）

女性を増やせば組織は変わる

これまで、防大女子の生活や悩み、やりがいなどを見てきた。

最後の問題提起として、「防大や自衛隊という男社会で女性が生き抜くための秘訣は何ですか」と質問した私に対し、ある現役幹部が答えてくれた言葉を記したい。

「男社会で生き抜くために、女性だけに何らかの秘訣が必要で、そこを気にしなくちゃいけないということがあるとすれば、それこそが男女差別的な話。そういうことが積み重なるからこそ、女性の退職にもつながる。自衛隊でもまだそういう状況が多少なりともあり、改善していく必要があるが、後輩には『女性は生きていくためにこういうのが必要だよ』とは言いたくない。男女関係なく『誠実に仕事をすることが生き抜く秘訣だ』と言える社会であるべきなんじゃないか」

正論であると思う。また、目指すべき「あるべき姿」でもある。しかし一方で、これまで紹介してきたような実態もまだまだある。

「防大女子」の悩みは、防大・幹候時代と、部隊に出てからでフェーズが変化する。防大時代は「男女平等」の環境で、体力面においても「男子に同化しよう」「男子に負けないように」と思いすぎるあまり、女子たちは息切れや挫折に至る。そして部隊に進んでからは、良くも悪くも「男女は別」という現実を前に、割り切って適応できる者と、引き続き「周囲から期待される男性的リーダーシップ」と自身とのギャップに苦しむ者とに分かれる。

さらに、結婚・出産・育児というライフイベントが、「防大女子」たちの人生の大きな岐路となる。その先に進めるかは、本人の努力のみならず、上司や親によるサポートが得られるかどうかといった環境や運によるところも大きい。仕事と生活の両立は難しく、仮に幹部自衛官としての職務を継続できても、同期（特に男子）との昇進度合いで大きく水をあけられてしまう現実がある。

「男と比べて自衛隊の指揮官たる資質があるのか」については、防大が女子学生を受け入れる時点で懸念されていた議論が、まだくすぶっているとも言える。そして、実際に防大が女子を受け入れ、自衛隊で女性幹部が活躍し出したことで、「出産・育児との両立が困難である」との現実も見えてきたと言えるだろう。

体力面での男女ギャップなどは自衛隊特有（特に陸上自衛隊）のものと言えるが、ライフイベントを乗り越えながらどうキャリアを構築するか、あるいはこれまで男性が主だった組織のリーダーを、女性がどう担うべきなのかという悩みに関して言えば、なにも自衛隊に限った話でもない。

以前、防大四十二期の西田千尋さん（二〇二〇年末に航空自衛隊を退職し、現在はコンサルタント）が主催する、公務員女子の集まりに参加させてもらったことがある。そこでもやはり、参加していた女性は口々に同じような不満を漏らしていた。また、私がかつて所属していた記者の世界でも似たようなところはある。男性優位、長時間労働の世界ではどこも多かれ少なかれ当てはまる事柄ではないだろうか。

となると、やはり社会の構造そのものも変えていく必要はあるのだが、そうしている間にも女性たちは次々に防大、あるいは自衛隊にやってくる。彼女たちの悩みに「社会の変化を待つしかない」「あなたが変えていけ」と言うしかないのでは酷だろう。

「防大女子」が直面する課題を、どう乗り越えていけばいいのか。自衛隊の任務の性質や重さを承知した上で言うが、このままでは優秀な人材が自衛隊にとどまり続けるとはとても思えない。これは霞が関のキャリア官僚においても、すでに起きている現実でもある。

取材中、現状を変えるにはどうしたらよいかを聞いたところ、大きくは三つの意見があった。①女性の数を増やす、②意識を変える、③時の流れを待つ——だ。

まずは女性の数を増やすこと。数が増えれば組織の中で特別視されず、一定の影響力を得ることができる。「組織の三〇％を少数派が占めると意思決定に影響力を持つようになる」という理論も古くから提唱されている。

また、必然的に女性同士のつながりも増える。おそらく大多数のＯＧが実感を持ってうなずいてくれる話だと思うが、防大時代には、集団としての他学年の女子同士の結びつきはそこまで強くはない。ただし、このつながりは実は卒業後、悩んだときにこそ真価を発揮する。女性幹部自衛官が悩む事柄は、多かれ少なかれすべての女性自衛官が経験しているものだ。ただ、防大卒の女性自衛官の数は非常に少ない。二〇二一年現在で防大を卒業した者が約八百人、自衛官を続けているのがその約半分とすると、二十四万人いる自衛隊の中でなかなか出会うことがないというのは仕方がない。防大ＯＧの集まりというものも存在はしているが、活動は縮小気味だという。

その中で、現在自衛官を続けている者からは、「女子同士のつながりが大きかった」という声も大きい。自分より上の期というのはなんだか怖いイメージはあるが、「下級生を思う上級生」の気持ちはみな持っている。取材中も、「悩んでいる後輩がいたら、『ちゃらんぽらんな先輩いるよー』って紹介してください。選択肢を知らないだけかもしれないから、相談くらいには乗れるかもしれません」と声をかけてくれた四十期代もいた。ぜひそういったネットワークを大いに活用してほしいと思う。

これでいいのか、自衛隊

二つ目は、意識を変えることだ。ここまで、自衛隊は古い体質の組織だ、と何度か述べた。ただ擁護もしておくと、決して手をこまねいているわけではない。

自衛隊全体の話となるが、二〇二一年三月、防衛省は女性職員活躍のための取り組み計画を発表した。中には、「厳しい財政事情と少子化・高学歴化に伴う厳しい募集環境の下、人材を効果的に活用することが必要であり、女性自衛官の更なる活躍をはじめとする人事制度改革に関する施策の推進が求められる」などと記載されている。

現在の全自衛官における女性の割合は、二〇二一年三月末現在、約七・九％（一万八千人）。二〇一一年三月末から二・七％増加しており、二〇三〇年度までには一二％以上とすることを目標としている。この数字を「低すぎる。国民に説明できる合理的なパーセンテージなのか」と話す現役幹部もいるが、組織として「女性自衛官が欲しい」と切実に思っていることは紛れもない事実だ。私が記者になってから会った多くの高級幹部も「女性自衛官は優秀だ」と話し、退職率の高さを嘆いていた。

そのため上層部ほど、働きやすい職場、働き続けられる職場づくりを意識している。昨今の働き方改革としては、新型コロナウイルスの影響も相まってだが、フレックスタイム制やテレワークを取り入れた。話を聞く限りでは、テレワークは空自が最も柔軟に運用している印象を受けた。

育児については、公務員全体に向けた制度ではあるが、男性職員向けに妻の入院から産後二週間までの間に二日、産後八週間までに五日の計七日間の休暇を取ることを推奨。防衛省でも実に八割以上が休暇を取得している。また、庁内の託児所も年々増加しており、市ヶ谷や朝霞など現在全国で八つの託児所が設けられている。

加えて、活躍の場の確保という面では、母性の保護の観点から女性を配置できない陸自の特殊武器（科学）防護隊などを除き、配置制限を全面的に解除した。これにより戦闘機や潜水艦に女性も乗れるようになり、自衛隊の中でも屈強な男たちの集まりである空挺団にも女性が配属された。

先の計画によると、防衛省の職員二万五千人を対象にしたアンケートで、これら諸改革の成果について七割以上が評価しているという。

待遇改善のヒントとして、米軍の事例を挙げる声もあった。

「米軍には基地にいろいろな施設や基地内でのベビーシッターのサービスがある。自衛隊はたぶん予算的にそこまでは難しいのだろうけれど、ある程度近いものがないと、『こんなに無理して働くんだったらやめます』となってしまう」

「米軍では出産の後何日休めるとか、そういう情報が全部ホームページに載っている。自衛隊にも制度はある。情報は常に変わるから、自衛隊側から発信していかなければいけない。その情報が必要な人に届いていないところは変えていかなくちゃいけない」

各種運用は上司の裁量によるところも大きく、制度があっても使えていない現状もある。制度が存在すること、それが誰の目にも分かる状態にしておくこと、制度が使えることを周知することは重要だ。環境の整備の恩恵は女性のみにもたらされるものではない。多様性の確保は、男性にとっても有用だ。退職率は女性の方が高いものの、男性も相当な数が退職している現状がある。長時間労働・頻繁な転勤は男性であってもつらいものだ。ある同期は「俺はこのままじゃ家庭を守れないと思った」とやめていった。

自衛隊の働き方は、時代の流れにそぐわないものでもある。少し前までは、民間企業でも男性は長時間労働が当たり前で、年功序列の世界を生きていた。そのため、自衛隊と民間企業でさほど労働環境は変わらなかった。だが近年、民間企業では働き方改革がもてはやされるようになった。残業は悪とされ、様々な業務が電子化、効率化され、時間当たり生産性が追求されている。しかし、そもそも生産性を追求しない自衛隊には、その論理が当てはまらないことも多い。

ある現役幹部は、「自衛隊全体として人が足りていない。仕事量は増えていく一方で、さらに今後も増えていくだろう。幕僚監部の仕事は月から金まで泊まり込みでやるのが当たり前みたいになっているが、それはおかしい」と批判する。

意識の変革は精神教育だけではなし得ない。柔軟な働き方を認める制度をつくり、多様性を尊ぶ運用を徹底することで実現されていく。

様々な職場環境の改善がなされているとはいえ、それによって防大生を含めた自衛隊の女性の離職率がガクンと下がるかというと、「それはない」と断言できる。

まず防大生でいうと、そもそもこれらの改革はあまり関係がない。相変わらず心身共に追い詰められる中で体力資本主義の男性優位社会ということは何ら変わらない。

ただし、防大卒の女性自衛官が増えていくにつれ、ロールモデルも多様性を帯びてきているることは朗報ではあるだろう。それをうまく広報に生かせればいいのだが、防大を含めた自衛隊は、なぜかこの辺りの機微に疎い。防大では時折、「偉い人」を招いて講話が行われる。その中で女子学生のために優秀な女性自衛官の話を聞く機会もあるのだが、いかんせん登場する女性が優秀すぎる。子どもはいたとしても、子育ての多くの部分を親に頼っているケースばかり。取材中でも、多くの女子が「すごいとは思う。思うけど参考にはならない」「逆に『私には無理だ』と思ってしまった」「その人のロールモデルを踏襲しろということかとムカついた」などという意見が多数を占めた。

「続けているだけで意義がある」

ではどうすればいいのか。これはまさしく三つ目の時の流れを待つしかない部分もある。それは「今すぐには解決できない」ことのスケープゴートではなく、時間が経つことで制度が洗練され、多様な事例が蓄積されていく点に意味がある。

取材中、複数の現役自衛官が話してくれたことがある。それは「続けているだけで意義がある」ということだ。

「私は決して優秀ではない。だけど、私が続けていることそのものが、後に続く女性のためになっているのだと信じている。低空飛行でもなんでも、とにかく続けているというだけで胸が張れる」

真面目な防大生であればあるほど、防大では存在意義に悩み、部隊に出て家庭を持ってからは育児との両立に悩む。だが、現状の自衛隊では、女性幹部は（与えられた仕事をこなすという前提はもちろんあるが）、ただそこに存在するというだけで意義はある。そのことは強く伝えたい。

現在着実にステップアップしている女性自衛官の中にも「自己肯定感は高くないまま」と話す者がいることは、個人としては苦しいだろうが、組織としてはよいことでもあると思う。「能力に溢れ自信満々な人だけが自衛官を続けられる」というのでは、あまりに狭き門だからだ。またこの自己肯定感が高くないという自衛官は、「理想像と違う自分には悩まされた。結局、未来はもっと素敵になってるはずだと思っちゃうんだけど、それは大間違いで、今できなければ未来もできない。めちゃくちゃ勉強した結果、未来の自分に期待するのをやめて、過去の自分に今の自分を期待させるのをやめて、等身大の自分でいられるようになった」と話す。また、ある者はこう語る。

「防大時代は、男女の壁はほとんど感じなかった。でも現実には、様々な要因によって、直面する壁の高さは違えど、多くの壁が存在した。その壁の存在や、正体や、壁を越えるには何が必要か、何を頼りにしたらいいのかを、もっと早くに教えてほしかった」

表向きには「女性は大事だ。多様な働き方を尊重しよう」というメッセージを発しつつ、他方で内部には「幹部自衛官としての働き方は転勤・長時間拘束が当たり前。そういう働き方は女性にできるのか」という意識が残存している。女性自衛官の中に「自衛隊に女はいらない」と感じている者が少なからずいる現状で、どうして彼女たちの力を最大限に引き出すことができるだろうか。男性より困難な状況の中で男性以上の努力をすることでようやく認めてもらうか、自分を男性より劣った存在と割り切るか、多くの女性自衛官はこの二択を迫られる。

防大や初級幹部時代には国防への意志や出世への意欲があった女性が、「もういいや」と思うようになるのを、私自身目の当たりにしてきた。「戦う能力のない女は二流」「女は守るものであって戦うものではない」。このような価値観を廃さない限り、真の女性活躍など望むべくもない。

それでも、「子どもを育てながらの指揮官も少しずつ増えてきているし、いずれは男性自衛官も子育てをしている幹部がいることに慣れていく。時間はまだかかるかもしれないが、必ずよくなっていく」「努力と能力とやる気があれば活躍できるということは、今はもう普通になってきている。『近所のお母さんが自衛官』ということが普通の時代が来る」

と話す者も現役幹部で複数存在した。

他の現役自衛官からは「自衛隊は未来をつくっていってほしい。今認められていない人だからこそ未来をつくれる可能性があると考えると、既存の価値観をぶち壊せるチャンスが早くから与えられている女性の存在を、自衛隊は喜んでほしい」という訴えもあった。

「防大女子」と言っても一様ではない様々なケースやコースが蓄積され、可視化されることで、「私はこれでいいんだ」「あの人のような存在を目指そう」と思えるようになるのは大きい。そしてそれは自衛隊内に限ったことではなく、防大卒業後、自衛隊に進まなかった者についても同様ではないだろうか。

防大女子のこれから

防大女子を取り巻く環境は、目まぐるしく変化してきた。これからの防大女子はどうなっていくのだろうか。

ある現役の女性自衛官はさる軍事学者の言葉を引きながら、「男のサッカーチームに女が入りたいとは思わないって感覚と同じ」と、女性が主体になることはないと話していた。取材の中でも「典型的な指揮官像は変わらないだろう」という声は多かった。

正直なところ私自身、「とはいえ自衛隊は男の世界だよね」という感覚が残ってはいる。だが防大も、当初は「厳しい環境だから女子は無理」と入校すらできなかったのが、実際に入校したところ一定の評価を得て、定員も増えた。問題なく、とは言い難いが、やってみればできたのだ。少しずつではあるが、防大を去る女子の数も減っている。こびりついた価値観を払拭するのは容易なことではないが、挑戦しなければ女性自衛官の未来はない。

自衛隊という組織から見たときにはおそらく、早急に防大や自衛隊の環境が整えられ、防大女子が自分の存在意義やプライベートとの両立に悩むことなくいきいきと活躍できる——というあるべき姿が叶えられるのはまだ当分先だ。

「決して女性が働きやすい職場じゃないのは、まだ数十年は変わらないと思う」

「自衛隊が変わるとは思えない」

このような声（特に陸上）は多く聞かれた。

自衛隊トップである幕僚長についても、「いつかは誕生するだろう」と口を揃えながらも、同時に冷めた目線も持つ。

「最初はパフォーマンス的な要素が強いだろう」

「政治的、国際的要素が関係する可能性が高く、多くの反対派も存在する」

「理屈をこねるだけでは統率力に欠ける。自衛隊の本来任務は命がかかっているのだから、全末端隊員まで女性に命を預けられると思わせることは、よほどでない限り難しい」

防大でもトップの学生長が女子になると、女性を活躍させようと考える上層部の意向だの、親の威光だのと言われるが、幕僚長という自衛隊トップの地位に関しても、話は大きくなるが図式は変わらないのだなということが改めて分かった。

それでも、防大女子たちは着実に出世している。二〇二一年八月現在、まだ防大出身の女性の将官は出ていないが、それも時間の問題だと言われている。

「女には無理」という心ない言葉を、自らの力でねじ伏せてきた女たちが力を得たとき、組織はさらによくなるだろう。自らの思いを力強く語ってくれた女性自衛官も多い。

「みんな自衛隊を変えようとしている。まだあまり現場には届いていないけど、そのためにみんな現場で頑張っている。自分もトップに立ち、変える立場になりたい」

「女性が働きやすい職場をつくるのも私の仕事。私が定時に帰るとかそういう姿勢を見せることで、部下たちの意識を変えていきたい」

「子育てで自衛隊をやめていった人たちが、子どもに手がかからなくなったら戻ってこられる制度をつくりたい」

女性自衛官の数も確実に増えていく。

「これからは自衛隊内の女性の占める割合が増えると思うので、重要なポストに女性が就くことはもちろん、結婚や妊娠、出産をしても続けやすくなると思う」

このように明るい展望を持つ幹部自衛官も複数いる。両立のための制度は充実してきた。また最近は男性的なリーダーシップを目指すのではなく、女性らしさを伴ったリーダーシップを追求する女性自衛官も出てきている。近年の研究では、権力や権威をふりかざさず、メンバーの意見を聞き、状況に配慮することこそ有効なリーダーシップスタイルだと指摘する声もある。このリーダーシップはかなり女性と親和性が高い。

ある現役幹部は女子にエールを送る。

「目まぐるしく技術が進歩し、複雑な価値観やパワーバランスの安全保障環境の中で、既存の価値観や経験論では、未来の戦いに負けないことは難しい。ロールモデルが少ないため、自分の存在自体を問いながら問題解決していく能力を身につければ、常に『これからどうする』という未来的思考を牽引しうる存在になれる」

防大女子の歩む道は、今までも、そしてこれからも、決して平坦な道のりではない。これまで見てきたように、防大、ひいては自衛隊の環境は女性にとって十分に整っているとは言えない。私自身、防大卒であることに誇りはあるが、「成長できるから」と誰にでも気軽に薦められる環境ではない。これからもきっと多くの者が、自分自身や自衛隊という環境そのものに限界を感じ、あるいは仕事とプライベートとの両立に悩み、道半ばで自衛隊を去っていく。

だが、残った者も去った者も、選んだ自分の人生を、覚悟を持って歩んでいくだろう。どんな選択肢を取るにせよ、彼女たちには防大で培った「強さ」がある。心身共に極めて負荷のかかる環境で過ごしたという自信、同期をはじめとする仲間と一緒に過ごしてきたことで得られた絆、国のために命を捨てるという教えの中で育まれた精神。これらの経験から生まれた力は、彼女たちの人生を支えていく。

防大・自衛隊や社会は、まだ彼女たちの強さを生かしきれてはいない。環境が変わるためにはそれぞれの努力も相当に必要となるが、諦めずに一歩を踏み出し続けることこそが、彼女たちの未来を、防大を含む自衛隊を、ひいては国そのものをよりよくするものだと私は信じている。

あとがき

取材を終えてみてまず抱いた感想は、「極めて同質性の高い環境下で過ごしながら、みんなこんなに違うことを考えていたのか」という率直な驚きだった。たくましく生きる姿に感服すると同時に、やはり多くの防大女子がなんらかの悩みに直面しながら日々を送っているのだということも改めて実感した。

今回の取材に当たっては、当初は防衛省を通さず、人脈を駆使したアプローチから始めた。想像以上に多くの退職者が「私の経験が今後の自衛隊のためになるならば」と二つ返事で体験を語ってくれ、別の退職者を紹介してくれた。当時の思いが喚起され、聞いているうちにお互いが涙したこともある。

ただし現役については連絡後すぐに、「防衛省に断りなく答えることはできない。こういう取材をしている人がいると報道室に連絡した」「自分が回答することもできないし、現役の友人を紹介することもできない」などのメッセージが寄せられたこともあった。取材をする立場として残念ではあった一方、知己の間柄であってもこういう返答が来ることに対し、さすが自衛官だと安心もした。

結果として、現役に対しては防衛省を通してアプローチしたことで、より高い視座から見ることができるようになったと感じている。防衛省に対しては、防大卒で記者経験ありといえど、今は一介のフリーランスに過ぎない者の取材依頼をよく受けてくださったと心から感謝している。

なお、たくさんの防大女子が取材に応じてくれた結果、日の目を見ることのなかった部分もかなりある。まだまだ伝えたいことはあるが、一点だけ補足しておく。本書を読むと「陸自は女子に厳しすぎないか」と思われるのでは、と感じる。確かに、事実としてその傾向はある。ただ、人間として一番熱い情を持っているのも陸自だ。取材をしていても、陸自の人のよさを誇る声は多数あった。私自身、娘が「陸自に行きたい」と言い出せば「陸自か……」と悩むだろうが、それでも私は陸上自衛隊が大好きだ。

本書では多様な視点を内包できたと自負する一方、まだまだこれが防大女子の全てだとも思ってはいない。今後も、今回話を聞けなかった防大女子に加え、男子学生の目線や上層部の狙いについても話を聞き続けていきたい。

最後に、謝辞を述べたい。まずは忙しい中、取材を受けてくれた防大女子たちに。そして、本文で少しだけ触れた、この世を去った心優しい同期に。間違いなく、この本はあなたのおかげで書くことができた。これからも私は一生あなたを思って生きていく。

次に、今回の取材では関わっていなくても、「私のことを応援してくれている」と信じさせてくれる防大の仲間に。そして構想段階から応援してくれた防大同窓会の及川正稔事務局長に。

また、いつも的確に私の思いを汲み取ってくれる編集者の梶原麻衣子さんがいなければ、本書が世に出ることはなかった。私は十年来、防大・自衛隊への問題意識を持ち続けてきたため、当初は「こうすればもっとよくなる」という主旨の内容だった。そこをうまく編集していただき、より読者自身に考えてもらうことができるものになった。もう十年程前にはなるが、梶原さんを紹介していただいた作家の石井光太さんにもこの場を借りてお礼を伝えたい。

最後に、いつも応援してくれる家族へ、最大限の愛を込めて。

二〇二一年九月

松田小牧

参考資料

▼書籍

防衛大学校『防衛大学校五十年史』（２００４）、防衛大学校

中森鎮雄『防衛大学校の真実　矛盾と葛藤の五〇年史』（２００４）、経済界

佐藤文香『軍事組織とジェンダー　自衛隊の女性たち』（２００４）、慶應義塾大学出版会

昭和女子大学女性文化研究所編『ダイバーシティと女性　新しいリーダーシップを創る』（２０１９）、御茶の水書房

若桑みどり『戦争とジェンダー　戦争を起こす男性同盟と平和を創るジェンダー理論』（２００５）、大月書店

Kanter, Rosabeth Moss（１９７７）、Men and Women of the Corporation, Basic Books（高井葉子訳（１９９５）『企業のなかの男と女―女性が増えれば職場が変わる―』生産性出版）

▼インターネット　※２０２１年９月現在

東京大学ホームページ〈https://www.u-tokyo.ac.jp/content/400163041.pdf〉

防衛大学校ホームページ〈https://www.mod.go.jp〉

国会会議録検索システム〈https://kokkai.ndl.go.jp〉

防衛省ホームページ「人員構成」〈https://www.mod.go.jp/j/profile/mod_sdf/kousei/〉

「女性職員活躍とワークライフバランス推進のための取り組み計画」〈https://www.mod.go.jp/j/profile/worklife/keikaku/pdf/torikumi_keikaku.pdf〉

防衛白書〈https://www.mod.go.jp/j/publication/wp/wp2021/pdf/R03040102.pdf〉

内閣府　自衛隊・防衛問題に関する世論調査　https://survey.gov-online.go.jp/h29/h29-bouei/index.html

防衛省　定期防衛監察結果　https://www.mod.go.jp/igo/inspection/pdf/01fiscalyear_report-2.pdf

防大女子

究極の男性組織に飛び込んだ女性たち

2021年11月5日　初版発行

著者　松田小牧

松田小牧（まつだ・こまき）
1987年大阪府生まれ。2007年、防衛大学校に入校。人間文化学科で心理学を専攻。2011年に卒業後、陸上自衛隊幹部候補生学校を中途退校し、2012年、株式会社時事通信社に入社、社会部、神戸総局を経て政治部に配属。2018年、第一子出産を機に退職。その後はITベンチャーの人事を経て、現在はフリーランスとして執筆活動など。今回が初の著作となる。
ツイッターアカウント@matsukoma_yrk

発行者　佐藤俊彦
発行所　株式会社ワニ・プラス
〒150-8482
東京都渋谷区恵比寿4-4-9　えびす大黒ビル7F
電話　03-5449-2171（編集）
発売元　株式会社ワニブックス
〒150-8482
東京都渋谷区恵比寿4-4-9　えびす大黒ビル
電話　03-5449-2711（代表）
装丁　橘田浩志（アティック）
柏原宗績
DTP／図版　株式会社ビュロー平林
編集協力　梶原麻衣子
印刷・製本所　大日本印刷株式会社

ISBN 978-4-8470-6187-5
ワニブックスHP　https://www.wani.co.jp